活用各種社群媒體讓你的業績翻倍長紅

圖解
社群行銷
一看就上手

坂本翔 監修・黃品玟 譯

「いいね」で売上をいっきに倍増させる最新活用術! SNS マーケティング見るだけノート
("IINE" DE URIAGE WO IKKINI BAIZO SASERU SAISHIN KATSUYOJUTSU ! SNS
MARKETING MIRU DAKE NOTE)
by 坂本 翔

序

社群行銷大多用在集客、提升營業額、徵人啟事等目的。

其本質為「當目標客群中出現需求時，會選擇最先想到的企業、商品或人」。雖然社群行銷是因為社群的世界才得以實現，不過和電視及報紙的時代並沒有兩樣。

以電視媒體為例，播放令人朗朗上口的音樂廣告，或是請知名演員穿戴在戲劇中使用的服裝或道具，讓大眾能了解企業商品。

為什麼企業願意花費如此龐大的成本投入媒體，就是為了讓受眾群能對產品留下深刻的印象。

若目標客群對產品已有印象，當有了「對了，該買瓶清潔劑了」、「該買件大衣了」這樣的需求時，就會想起「最近常看見那個清潔劑，買來用用看吧」、「那齣戲女演員穿的外套很可愛」而選擇購買（帶動銷售量）。

現在不需要在電視或報紙上花費數千或數億元的行銷費用，也能獲得同樣的效果。

這是為什麼呢？
因為已經進入社群媒體的時代了。

善用社群媒體，您可以用極少的預算完成上述這些事。

實際上根據 2020 年 3 月電通（譯註：跨國廣告公司）的發表，2019 年日本的廣告費用，包含社群媒體在內的網路廣告費，首度超過電視媒體的廣告費用。

若有讀者想更進一步瞭解 Facebook 或 Instagram，可參考拙作《Facebook 社群經營致富術》、《Instagram 社群經營致富術》（台灣東販出版），將能更進一步了解社群媒體的運作。

雖然社群媒體有容易上手的特性，但請先依照本書說明做好事前準備再開始運用。從完整的分析及相對應的改善著手，才能達到良好的成效。

本公司提供了「Reposta」分析工具，能讓您免費使用，請務必導入這類分析工具並實際建構運用，再挑戰經營社群媒體。

請分享您在閱讀本書後實作的社群行銷的成果及感想，發表時請標註「# just see notes」。

如果您在閱讀本書後，對您在經營社群媒體能有所助益，將是我的榮幸。

株式會社 ROC
代表取締役 CEO 坂本翔

Chapter3
應熟記的
社群行銷
策略 ··················

Chapter4
追蹤人數的
意義與溝通的
基本規則

Chapter5
什麼內容
會讓用戶
樂於分享……

Chapter8
社群媒體運用的超基本方法

Chapter 1

行銷的基礎知識

首先來學習行銷的基本知識吧！若不先理解行銷的歷史、
各自的意義、分析架構等，就無法理解衍生而來的近代社
群行銷。

Twitter | Instagram | Facebook | TikTok | YouTube | LINE | Pinterest

01 到底什麼是行銷？

行銷，是為了銷售產品給顧客，與銷售活動有明顯的差異性，因為行銷更著重於了解目標客戶。

行銷是為顧客提供產品及服務，與銷售活動的不同點在於，銷售活動是以產品為中心思考，而行銷活動則是以顧客為中心思考。銷售活動始於「自己想賣的商品」，行銷活動始於「顧客想要什麼」。基本做法是為了瞭解消費者的需求收集資訊，開發符合需求的產品及服務。如上所述，銷售活動的對象是商品，而行銷活動的對象是消費者。

銷售只是行銷的一部分

開發

分析市場後，找出與競爭商品的差別，做出消費者願意選擇的商品。

孩子會喜歡這種商品嗎？

哪種商品才能賣出去？

分析

儘早察覺現在的流行與下一個趨勢，推測消費者的消費傾向。

企業

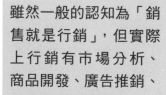

雖然一般的認知為「銷售就是行銷」，但實際上行銷有市場分析、商品開發、廣告推銷、業務等各種過程。

銷售

直接或透過零售業等中間業者將商品送到消費者手中。商品的推銷和行銷也是重要的一個要素。

美國的經營學家**菲利浦・科特勒**（Philip Kotler）提出了許多行銷理論，被世人稱為「行銷之神」。他將行銷定義為「透過產品及價值的創造與交換，滿足**需求**及**欲望**（想要特定物品的欲望）的過程」。以管理聞名的經營學家**彼得・杜拉克**（Peter Ferdinand Drucker），也很重視行銷的重要性。杜拉克認為「如果能夠完全了解你的顧客，提供適合顧客的產品及服務自然賣得好，這正是行銷的目的」。從科特勒與杜拉克的言論中可得知，了解顧客的需求是非常重要的事。

需求

在生活中必要的產品及服務，因為需求優先程度高，會比欲望需求更容易產生消費行為。

> 需求
>
> 我的頭好痛，想買藥
>
> 肚子餓了，去買東西吃吧！
>
> 欲望
>
> 想買來慰勞自己
>
> 大家都有，我也想要
>
> 市場

欲望

想要特定物品的欲望。可能是受到當下流行影響，但也有可能是推測消費者行為而創造出的熱賣商品。

購買

消費者從各種因素決定要購買的商品，進而產生消費行為。

分析人們的需求及欲望，開發後提供……
此一連串的系統全都屬於「行銷」的範疇！

Twitter　Instagram　Facebook　TikTok　YouTube　LINE　Pinterest

02 行銷的歷史

行銷理論誕生於 19 世紀後半葉的美國，這是因為當時的商業行為擴大至全美，做生意需要新的方法，因此帶動了行銷的誕生。

行銷是這樣誕生的！

17世紀之前的物流
以自產自銷為前提，不容易得到遠處的物品、資訊。

隨著市場的快速擴張，我們需要一個將許多人視為客戶的商業策略！

鐵路的發達
由於鐵路發展，將大量產品送至遠方變得可能。因此市場規模遍及全美。

電話的發達
不僅鐵路發展，電話等通訊網路的發展也是催生行銷的要素。市場從生產、銷售、運輸等各個環節遍布了美國各地。

據說行銷誕生於 19 世紀後半葉的美國。當時由於鐵路與蒸汽船等交通網的發展，以及湯瑪斯・愛迪生與格瑞罕・貝爾在電信領域所開展的新疆域，支撐起美國產業的飛躍性成長。交通網與通訊網的強化，與過去的時代大相逕庭，幅員遼闊的美國因此全數成為商業市場。由於需要在這樣廣大的市場銷售商品的新策略，行銷因而誕生。

A・W・蕭（Arch Wilkinson Shaw）與 **R・S・巴特拉**（R S Butler）身為行銷論的先驅而廣為人知。蕭是 1876 年出生的美國創業家兼研究家，被評為建立行銷論的人物。蕭基於思考行銷的前提，強調科學方法的重要性。不僅倚靠直覺及經驗，主張應該基於科學的研究做判斷。R・S・巴特拉是 1882 年出生的學者，與蕭是同一世代的人物。巴特拉擔任紐約大學經營學系的教授，同時還身兼食品製造商的商業調查部長、廣告部長的經歷。精通銷售及廣告的巴特拉，用自身實務的經驗建構了行銷理論的體系。

18世紀以後的物流
工業革命後，能夠將大量物品快速地送到遠方。

R・S・巴特拉
與 A・W・蕭同樣是提升市場研究價值的關鍵人物。將 19 世紀末期到 20 世紀初期美國的行銷實踐化為理論。

產生需求時，市場分析是不可或缺的

只研究商品本身，無法產生需求

A・W・蕭
企業行銷論的建立者。1912 年發表的論文「市場流通的一些問題」，提出市場等高線的概念，暢談市場分析的重要性。

Twitter Instagram Facebook TikTok YouTube LINE Pinterest

03 行銷的意義？

企業為了銷售商品而進行活動的背後雖然藏有「想賣的念頭」，但如果被看穿，可能會發生消費者對商品敬而遠之的危機。

行銷是為了將商品送達消費者手中而做的活動。雖然在第 12 頁說明過「行銷對象是消費者」，不過此時最重要的，就是讓消費者產生「**想買的念頭**」。銷售商品時，雖然銷售商品的人肯定有「**想賣的念頭**」，但此時必須優先考量消費者內心「想買的念頭」。現代的社群媒體普及，銷售者「想賣的念頭」等心思容易立刻被看透，成為消費者對商品及企業敬而遠之的原因。

若優先考量企業想賣的念頭…

若想賣的欲望過於強烈，將無法刺激消費者的購買慾。在資訊科技時代，由於蒐集產品資訊及口碑並做比較已經變得很容易，因此想要靠強勢銷售贏得消費者青睞的銷售方式反而不容易成功。

我想賣…！

企業A

消費者們

行銷方法必須與時俱進！
為了被用戶選擇，必須改變行銷方法

若行銷想讓消費者產生「想買的念頭」，那種念頭不可以只是暫時性的。畢竟若無法持續賣出商品，企業就無法存活，因此企業必須不斷讓消費者產生「想買的念頭」。為了讓顧客持續「想買的念頭」而做行銷，光靠市場調查及廣告宣傳並不足夠。業務、商品開發、包裝設計、推廣、促銷、賣場的布置等，從製造商品到送達消費者手中為止的所有過程，可說是都與行銷息息相關。無論是在哪一個過程，企業不能只想著「如何把東西賣出去」，而是應該思考「如何讓消費者想要買」。

若貼近消費者的想法⋯

行銷的鐵則

行銷的關鍵就是加強消費者購買的欲望，包括產品開發、促銷，以及通路的所有環節。

以消費者角度研發的商品，消費者有容易選購的傾向。比起以業績及營業額為優先的思維，貼近消費者需求的態度更受歡迎。

業務

研發

設計

分析

推銷

請務必用用看、買買看

企業B

符合時代需求的行銷！
理想並不是「讓人購買」，
而是提供「自然而然想要買」的商品

04

Twitter ｜ Instagram ｜ Facebook ｜ TikTok ｜ YouTube ｜ LINE ｜ Pinterest

為誰做行銷？

消費者導向的行銷，其對象隨著時代在改變。此時可參考行銷 1.0 ～ 4.0 的概念。

如前幾頁介紹的內容，行銷的對象是消費者，是讓消費者內心產生「想買的念頭」。不過，消費者的範圍非常大，想要縮小目標族群非常困難。此時，「行銷之神」菲利浦・科特勒提倡的「**行銷 1.0 ～ 4.0**」概念，就能派上用場。科特勒認為行銷從 1.0 發展至 2.0、3.0、4.0，行銷的內容及對象正在變化。

行銷 1.0 到 4.0

這是可以讓人睡好的枕頭

我對客人推薦這個

我想買這個商品～

行銷 1.0

行銷 2.0

客群為大宗市場（一般大眾）。這種行銷以產品為中心，提供便宜又高品質的產品。透過電視、網路等媒體做廣告宣傳。

這種行銷將目標縮小至每一位消費者，更進一步抓住顧客的心。透過雙方面的溝通，讓消費者願意購買。

行銷 1.0 的對象為不特定多數的一般大眾。由於目標客群廣大，因此用電視等媒體進行廣告宣傳。接著在行銷 2.0，細分目標客群的消費者，行銷時優先考量顧客想法且站在消費者角度。而在更進一步發展的行銷 3.0，與社會貢獻有關。比如對在意社會問題的消費者推銷「購買這種商品，可幫助解決貧困國家的問題」、「購買這種商品對環境問題可做出貢獻」。而行銷 4.0 則更進一步地滿足消費者「想成為這樣的人」這種實現自我的渴望。最新來到的時代，需要對消費者實現自我有幫助的商品。

充實產品及服務的功能、情感並不夠，還要滿足消費者的社會貢獻這類的精神需求。

這種行銷是為了吸引在資訊科技社會中，對自我實現有高度渴望的消費者。這種滿足消費者自我實現的新觀點，是在 2014 年提出的。

Twitter Instagram Facebook TikTok YouTube LINE Pinterest

05 什麼是行銷的 4P 與 4C ？

「4P」和「4C」可應用在思考具有各種不同要素的行銷上。組合這些要素，就能夠更容易擬定行銷的策略。

在第 17 頁也提過，行銷與企業活動的各個範疇有關。因此，很難概括所有的行銷，這個時候行銷的「**4P**」就可派上用場。4P 指的是行銷中的四大要素，具體而言包含產品（Product，銷售什麼）、價格（Price，銷售價格）、通路（Place，在何處銷售）以及推廣（Promotion，如何讓人知道）。能夠了解4P，便能夠掌握行銷的整體面貌。

行銷組合的四大要素

連結公司利益的產品要素
產品多樣化、品質、設計、特色、品牌名稱、包裝、尺寸、售後服務、退貨等。

在市場販賣時的價格
標準價格、特價、支付期限等。

Product

Price

Promotion

賣方

Place

讓目標客群注意到商品的方法
促銷、宣傳、廣告、公關活動等。

銷售通路與銷售地點
銷售通路、銷售範圍、地點、庫存、運輸等。

4P 是美國的經營學家**傑洛姆・麥卡錫**（Edmund Jerome McCarthy）提出的概念。這種組合 4P 展開的行銷手法，稱作「**行銷組合**」。雖然用 4P 可更容易理解行銷，不過 4P 是站在賣方立場的概念。由於行銷是從掌握「顧客想要什麼」而開始的，所以也有人提出不該以賣方立場思考，而是以買方立場出發的意見。如果是站在買方立場，那就要用「**4C**」而不是 4P。4C 的概念與 4P 相反，具體上有消費者的需求（Consumer）、顧客成本（Customer Cost）、溝通（Communication）和便利性（Convenience）。

以消費者為主的4C

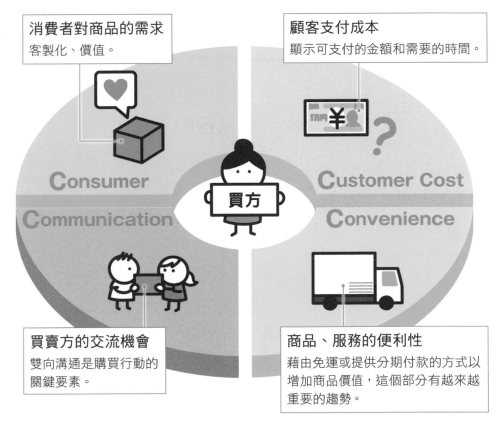

消費者對商品的需求
客製化、價值。

顧客支付成本
顯示可支付的金額和需要的時間。

Consumer

Customer Cost

Communication

買方

Convenience

買賣方的交流機會
雙向溝通是購買行動的關鍵要素。

商品、服務的便利性
藉由免運或提供分期付款的方式以增加商品價值，這個部分有越來越重要的趨勢。

➡️ **買賣雙方的立場都考慮到的**

4C（商品 Commodity、成本 Cost、通路 Channel、溝通 Communication），也很重要！

06

Twitter | Instagram | Facebook | TikTok | YouTube | LINE | Pinterest

行銷的五大步驟

在行銷策略中，必須準確地區分客群和瞭解如何銷售。因此要穩健地依循五大步驟進行。

在行銷策略中，必須準確地區分「賣給誰、賣什麼、在哪裡賣、價格多少、如何販賣」。決定這五個要素的過程，就是「行銷之神」菲利浦·科特勒所提倡的「**行銷、管理、過程**」。這個過程有五個步驟，分別是研究、鎖定目標、行銷組合、行銷策略的目標設定與實施、監控管理。這五大步驟的訂定，稱作**行銷策略擬定**。

掌握現狀要進行的工作

鎖定目標
篩選出目標客群。STP 為區隔（segmentation）、目標（targeting）、定位（positioning）的第一個英文字母。

研究
進行市場調查與環境分析。有 PEST 分析、SWOT 分析、3C 分析等。。

R
(Research)

STP
$\left(\begin{array}{c}\text{Segmentation}\\\text{Targeting}\\\text{Positioning}\end{array}\right)$

第一個步驟的「研究」，主要是分析事業周圍的狀況。可參見第 25 頁介紹的 3C 分析、第 26 頁介紹的 PEST 分析和第 29 頁介紹的 SWOT 分析。第二個步驟的「鎖定目標」，則是篩選出有購買意願的消費者。此時可運用 STP 分析（區分市場、理解自家公司的定位、篩選出銷售目標的方法）（參考第 71 頁）。第三個步驟的「行銷組合」，可運用第 20 頁介紹的 4P，思考對消費者推廣的方法。而第四個步驟的「行銷策略的目標設定與實施」，是要設定目標數字。最後是第五個步驟的「監控管理」，則需評估實際進行行銷的成效，並且檢討策略。

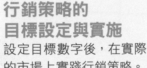

未來策略需要正確的分析

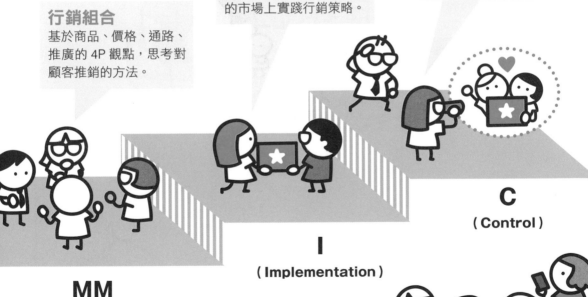

行銷組合
基於商品、價格、通路、推廣的 4P 觀點，思考對顧客推銷的方法。

行銷策略的目標設定與實施
設定目標數字後，在實際的市場上實踐行銷策略。

監控管理
檢討行銷策略的成效，進行適當的策略修正。

MM
(Marketing Mix)

I
(Implementation)

C
(Control)

Twitter Instagram Facebook TikTok YouTube LINE Pinterest

07 從三大觀點分析你的公司

如果要自身所處的商業環境進行客觀的分析，可以採用一種叫做 3C 分析的方法。藉由分析市場、顧客、競爭對手，自家公司，可以清楚地了解自家公司目前的狀況。

3C 分析的三大觀點

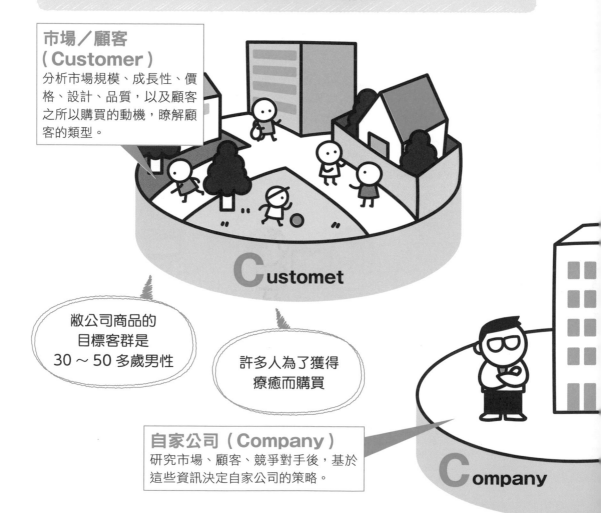

市場／顧客（Customer）
分析市場規模、成長性、價格、設計、品質，以及顧客之所以購買的動機，瞭解顧客的類型。

敝公司商品的目標客群是 30～50 多歲男性

許多人為了獲得療癒而購買

自家公司（Company）
研究市場、顧客、競爭對手後，基於這些資訊決定自家公司的策略。

雖然瞭解市場和消費者是擬定行銷策略不可忽視的前提，但也必須客觀分析自家公司的現況。若能夠掌握自家公司的優勢與劣勢，就能夠進行合適的行銷。分析自家公司時，可以採用 **3C 分析**這種方法。3C 係指市場／顧客（Customer）、競爭公司（Competitor）、自家公司（Company）這三大要素。從市場和顧客、競爭公司、自家公司的角度分析商業環境，就是 3C 分析。只要用這種方法，就能夠掌握自家公司的現況。

3C 分析是以市場／顧客→競爭公司→自家公司的順序進行分析。在市場／顧客中，分析市場規模、市場的成長性、決定購買的因素等，以掌握自家公司商品的客群。接著在競爭公司，分析該事業中其他競爭公司的數量、其他公司的業績、其他公司的優勢和劣勢、新開始該事業時加入難度的程度等。在自家公司的部分，則是根據市場和顧客、競爭公司的現況，分析自家公司目前的業績、策略、資源、優勢和劣勢等。隨著市場、顧客和競爭公司的狀況變化，成功要素也會有所不同。雖然在市場成功的策略也一直變化著，不過只要善用 3C 分析，就可以判斷自家公司的行銷策略是否合適。

那間公司的產品價格對小家庭來說相當友善…

那間公司的市占率有 4 成…該如何打入市場呢？

社群媒體適合做更貼近用戶的推廣嗎？

為了在剩餘 6 成的市占率中吃下大餅…

競爭（Competitor）
分析準備進入的事業中，有多少競爭者、各家的優勢／劣勢、經營策略、生產能力、經營狀態，以及進入門檻等資訊。

Twitter Instagram Facebook TikTok YouTube LINE Pinterest

08 從社會的變化分析未來

國家政策等外部環境也會對公司帶來重大的影響。預測社會的變化，評估可能會對公司造成什麼影響，就能夠知道必須應對的重點。

社會情勢將大幅影響公司的經營狀況。雖然自家公司無法控制社會的變化，不過分析社會情勢，預測自家公司日後將受到何種影響，引導出策略是可行的方法。這種方法叫做 **PEST 分析**。PEST 是 Politics（政治）、Economy（經濟）、Society（社會）、Technology（技術）這四個英文單字的縮寫。從這四個角度，來分析關於公司和事業的整體環境（外部環境），有時也會加上 Ecology（環境）而稱作 **PESTE**。

掌握現狀應該思考的面向

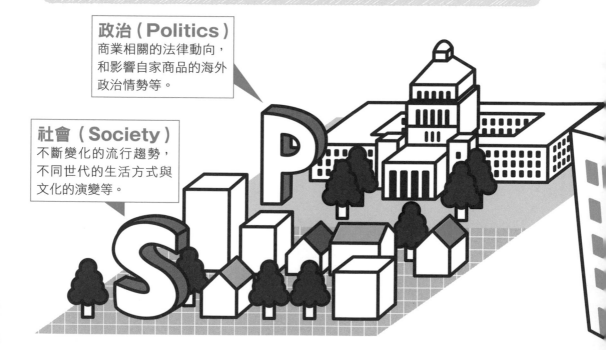

政治（Politics）
商業相關的法律動向，和影響自家商品的海外政治情勢等。

社會（Society）
不斷變化的流行趨勢，不同世代的生活方式與文化的演變等。

在政治層面，分析政策、法律、制度與寬鬆政策、國內外的政治動向等。在經濟層面，分析景氣動態、物價變遷、GDP（國內生產總值）成長率、利率、失業率、人均所得水準等。在社會層面，分析人口動態（統計一年間出生、死亡、結婚、離婚的資料）、生活型態和文化變遷、教育、輿論、流行等。在技術層面，分析新技術的開發、對於技術的投資動向等。根據這些分析推測整體環境對自家公司帶來的影響，可找出對自家公司造成影響的因素。不過，在政治中，即便是重要的法律，若與自家公司的業務沒有關聯，就不需要分析。同時，不僅是現況，也必須預測 3 ～ 5 年後的情況。

One point

將 PESTE 的要素一一從「衝擊」、「不確定性」兩個觀點分析，思考位於圖表上的哪個位置。製作圖表，可看見現在應該立即處理的事態，以及需要長期應對的事態。

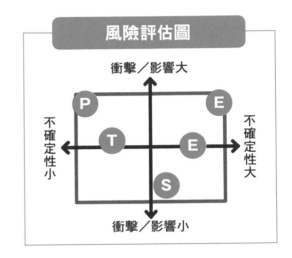

風險評估圖

衝擊／影響大

不確定性小　←　→　不確定性大

衝擊／影響小

P　E　T　E　S

技術（Technology）
影響商業的創新技術的開發、進步、投資動向等。

經濟（Economy）
全球景氣、物價的漲跌、國內外的 GDP、匯率和利息變動等。

| Twitter | Instagram | Facebook | TikTok | YouTube | LINE | Pinterest |

09 用架構分析策略

架構就是可以用來分析市場與組織的工具。SWOT 分析就是其中的一種,藉由這樣的分析,能夠確實掌握公司的狀況。

何謂 Cross SWOT 分析?

將透過 SWOT 找出的四種要素各自排列、擬定策略的就是 Cross SWOT 分析。

內部原因之一。
關於自家公司的優勢。
例如:受到當地民眾喜愛

內部原因

外部原因之一。關於
自家事業環境方面的機會。
例如:搬過來的年輕夫婦變多了

Strength(優勢)

外部原因

Opportunity(機會)

OxS(機會x優勢)

為了讓年輕家庭
也能無壓力地上門
消費,來發傳單吧

如何利用自家公司的優勢尋找商機?

Threat(威脅)

TxS(威脅x優勢)

反過來提供
有點貴的料理,
提供奢華感

如何利用自家公司的優勢化威脅為轉機?

外部原因之一。
關於威脅自家事業的風險。
例如:食品原料漲價了

名為「**架構**」（framework）的工具可用於分析事物。這是思考市場策略時所用的工具，有「框架」、「構造」的意思。架構可依循特定的框架思考以清楚看見問題，具有能夠幫助邏輯性思考的優點。前幾頁介紹的 4P、3C 分析、PEST 分析也是架構工具。這裡介紹的「**SWOT 分析**」，在整理社會現況擬定策略時，可說是非常有用處的架構。

SWOT 分析包括了四大要素：優勢（Strength）、劣勢（Weakness）、機會（Opportunity）、威脅（Threat）。其中優勢與劣勢是公司的內部原因，機會與威脅是影響公司的外部原因。個別寫出這些原因後，就能夠掌握公司的現況。瞭解現況之後，就能夠用「**Cross SWOT 分析**」探討自家公司應該採取什麼策略。在 Cross SWOT 分析中，將內部原因優勢、劣勢與外部原因的機會、威脅各自排列而出。例如在機會 × 優勢中，探討用何種形式善用自家公司的優勢，掌握商機，以發展事業。在機會 × 劣勢中，探討的策略是為了避免劣勢帶來的危機和損失。

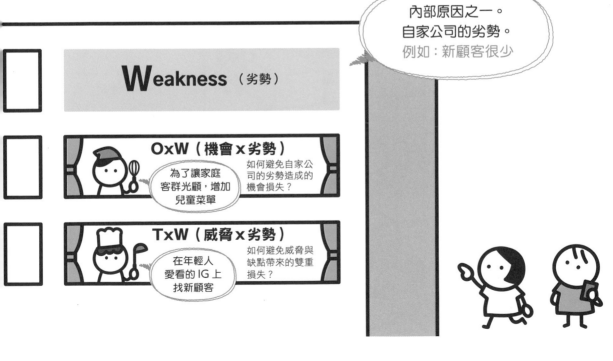

10

Twitter Instagram Facebook TikTok YouTube LINE Pinterest

與競爭對手比較，找出公司的附加價值

價值鏈就是詳細分析將商品送到消費者手中的過程的架構。透過它，你能夠明確掌握自家公司的優勢與劣勢。

價值鏈的「主要活動」

服務
修理、維修等對顧客的服務。

銷售／行銷
思考商品的銷售方式與銷售策略。

出貨物流
將製造完成的成品派送至賣場銷售。

銷售物流
購買原料，然後配送至生產地。

製造
製造商品。

「**價值鏈**」（Value Chain）是架構中的一種工具。價值鏈是美國的經營學家**麥可‧波特**提出的概念。將公司商品送達給顧客為止的過程，依照功能分類，找出哪些功能能夠產生附加價值的架構就是價值鏈。以零售業為例，藉由商品企劃、進貨、商店經營、吸引顧客、銷售、服務等形式分類功能。然後，分析哪個環節能夠產生附加價值。

在價值鏈分析中，將公司的事業活動分為「主要活動」與「支援活動」。主要活動是與實際將商品送達給消費者過程直接有關的企業活動，包括製造、物流、銷售和行銷、服務等等。支援活動是指人事和勞動管理、一般管理、採購、研究開發等，符合後台及間接部門的意思。支援活動連結主要活動，特色是支援整體價值鏈。分析價值鏈，就能夠具體掌握自家公司的優勢與劣勢。對其他競爭公司進行分析，也能知道競爭對手的優勢與劣勢，進而了解自家公司哪個部分比其他公司強或弱。因為「知己知彼，百戰百勝」，透過深入了解競爭對手，才能擬定成功的銷售戰略。

價值鏈的「支援活動」

人事／環境管理
員工的福利及工作環境的管理。

一般管理
進行財務、法務、會計等一般管理。

研究開發
執行商品的研究開發。

採購
從公司外部採購商品或服務時簽訂契約。

11 用設計思考進行的新時代行銷

Twitter　Instagram　Facebook　TikTok　YouTube　LINE　Pinterest

雖然行銷是因應消費者需求而進行的活動，但也能夠發掘消費者潛在的需求。

行銷的目的就是讓人產生「想買的念頭」。因此，有時候也需要為消費者創造新的需求。想要創造新的需求，可用「**設計思考**」的方式來達成。Apple 和 Google 這類頂尖企業，在創造產品和服務時，也會運用設計思考。設計思考的流程分成五個步驟。步驟一是同理心的階段。藉由觀察消費者行動，或是透過訪談、問卷等方式，找出消費者的問題。

設計思考的五大步驟

STEP 1 同理心

理解消費者的想法，找出需求。不是全盤接受消費者的說法，而是從他們的意見中找出未被發掘的需求。

STEP 2 定義問題

挖掘在 STEP1 顯現的需求，定義原先本質上的問題。

原來如此

步驟二是定義問題。在這個階段設定消費者內心的「想要○○」、「想解決▲▲」等問題。很多消費者本身也沒有意識到這種問題（需求）。步驟三是創造主意。為了解決在步驟二設定的問題，要出主意。為了想出各種主意，可採取多數成員相互討論意見的**腦力激盪**（參考第 35 頁）方法。步驟四是試作，是把步驟三想出的主意化為成品的階段。步驟五是驗證，讓使用者實際使用在步驟四作出的試用品。反覆進行這種使用者測試，遇到問題就予以改善。利用這五個步驟，可創造出滿足消費者新需求的商品。

未來策略需要正確的分析

One point

設計思考的重點是接受各種不同意見的可能性。以開放的心胸接受各方意見，才能夠發想出全新的觀點和想法。

STEP 3　提出想法

對於在 STEP2 定義的問題，提出各種具體的解決方案，通常會用腦力激盪這類的方式進行。

STEP 4　試作

根據 STEP3 的想法製作產品原型，透過試作，可以找出構思階段看不見的問題。

STEP 5　驗證

推出在 STEP4 試作的原型，蒐集使用者的意見，重複驗證。

column

建議牢記的

社群行銷用語集 ①

☑ KEY WORD

行銷 1.0 ～ 4.0   P18

表示行銷逐漸進化的概念。1.0 的對象是非特定多數的普羅大眾；2.0 是以消費者為中心的個性化行銷；3.0 是將社會貢獻的要素加入行銷；4.0 的訴求則是滿足消費者的自我實現。

☑ KEY WORD

行銷組合   P21

行銷 4P（產品、價格、通路、推廣），是將行銷策略具體化的四大要素。舉例來說，想要在「城市咖啡館」這個通路，以「1 杯 2000 日圓」的價格銷售「咖啡」這項產品，想要採取的推廣方式是「在介紹精品的時尚雜誌上刊登廣告」。

3C 分析   P25

透過「市場／顧客（Customer）」、「競爭公司（Competitor）」、「自家公司（Company）」三種角度的分析，了解公司處於什麼樣的商業環境，主要用於擬定事業計畫、行銷策略。

架構   P29

透過架構可以進行有效率和邏輯性的思考與發想。架構可以幫助我們解決問題，激發靈感。代表性的架構包括本書介紹的 3C 分析、SWOT 分析、價值鏈等。

價值鏈   P31

這種分析方法可以掌握公司的業務從開始到終點的整體過程中，在各個階段的優勢和劣勢。將公司的業務活動以「製造」、「鋪貨」、「銷售、行銷」等功能分類，能夠找出在哪個部分最能產生附加價值。

腦力激盪   P33

團隊內的眾人，針對一個主題，激盪出各種想法來解決問題。為了突破固有的觀念，最重要的態度是「不否定任何提出的意見」、「歡迎獨特的想法」、「不管想法是不是成熟，點子越多越好」。

Chapter 2

SNS marketing
mirudake note

社群行銷的
基本知識

隨著智慧型手機的普及，社群行銷的重要性日益增加，本章
將學習其基本知識。歸根究柢，社群行銷與以往的行銷有何
不同？該如何執行才能有效率地使用？這些都是本章要探討
的問題。

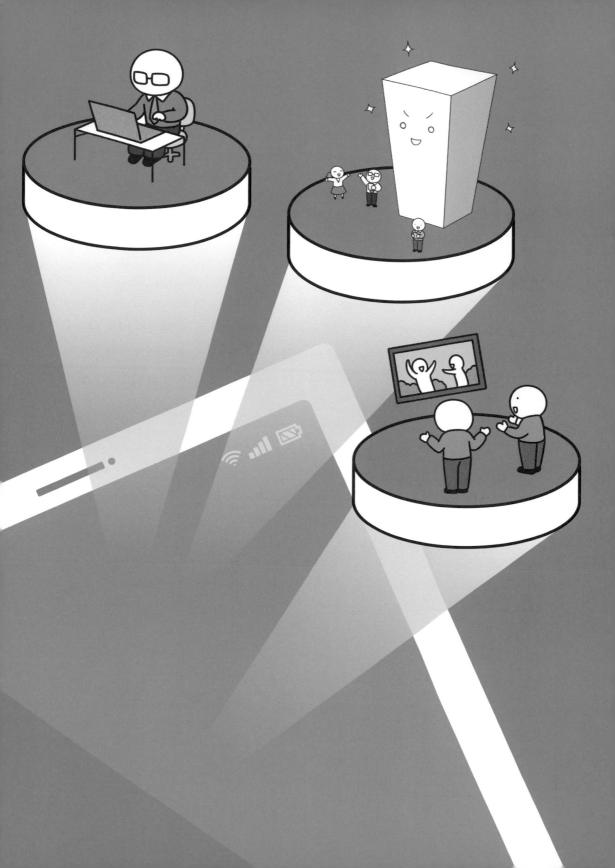

Twitter | Instagram | Facebook | TikTok | YouTube | LINE | Pinterest

01 什麼是社群行銷？

為了讓運用社群媒體的「社群行銷」成功，必須掌握消費者接觸的「三大媒體」各自的特色。

所謂**社群行銷**，如字面上的意義，係指運用社群媒體做行銷。若以第 1 章介紹的定義說明，就是用社群媒體讓消費者產生想買的念頭。雖然許多企業都有開設 Twitter 或 Instagram 官方帳號，但光運用這類帳號，並不叫作社群行銷。社群行銷有各種不同的方法，如利用社群媒體上的口碑，或借用網紅的影響力。與過去的大眾媒體相比，這不需花費成本就能進行，是社群行銷的優點也是特色之一。

社群行銷的定位

三大媒體指的是為了達成行銷目的而活用的三種媒體的架構工具。社群行銷在這些媒體重疊的位置上。

One point

社群行銷透過「IG 美照」和「Twitter 上爆紅」等方法吸引注意，但光這樣不是全部，也不只是運用帳號而已，運用口碑行銷以及找網紅合作，也是社群行銷的重點。

無償媒體

這種媒體透過非廣告的口碑，獲得消費者信任和共鳴。

- Facebook 和 Twitter 等社群媒體上的口碑
- 個人的部落格
- 網站的留言 等

消費者在社群接觸的媒體可分成三種，稱作「**三大媒體**」。為了讓行銷成功，必須弄清楚三大媒體中的哪一種最適合。三大媒體的第一種是「**自有媒體**」（owned media）。這是企業自己的媒體，如公司官方網站、部落格、電子報、電子商務網站等。第二種是「**付費媒體**」（paid media），如花錢刊登版面的媒體，各種不同的廣告就符合這一種。第三種是「**無償媒體**」（earned media），指消費者傳達資訊的媒體，如社群媒體、部落格、留言板等。由於具有公信力，能獲得消費者信任，因此才如此命名（earned 的 earn 為「獲得」的意思）。

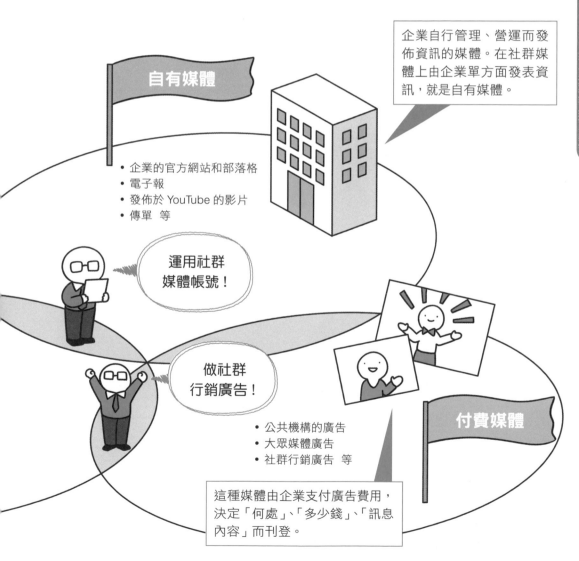

企業自行管理、營運而發佈資訊的媒體。在社群媒體上由企業單方面發表資訊，就是自有媒體。

自有媒體

• 企業的官方網站和部落格
• 電子報
• 發佈於 YouTube 的影片
• 傳單 等

運用社群媒體帳號！

做社群行銷廣告！

• 公共機構的廣告
• 大眾媒體廣告
• 社群行銷廣告 等

付費媒體

這種媒體由企業支付廣告費用，決定「何處」、「多少錢」、「訊息內容」而刊登。

Twitter Instagram Facebook TikTok YouTube LINE Pinterest

02 三大媒體策略的重要性

由於每種社群媒體的用戶族群不同,在行銷方面必須根據想推廣的族群,選擇最適合的社群媒體。

三大媒體的區分使用

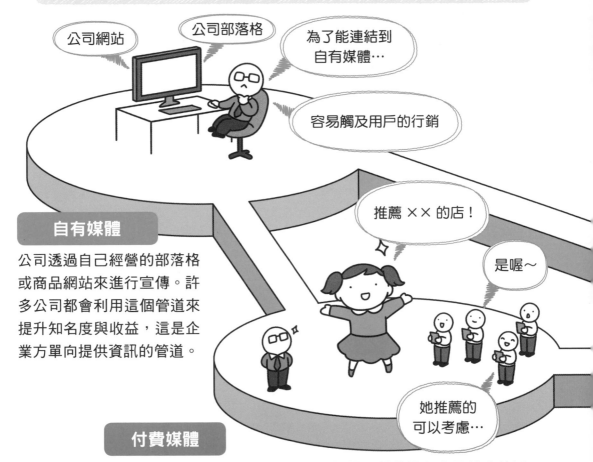

自有媒體

公司透過自己經營的部落格或商品網站來進行宣傳。許多公司都會利用這個管道來提升知名度與收益,這是企業方單向提供資訊的管道。

付費媒體

這種方法是在其他網路媒體和入口網站,付費進行商品的宣傳活動。亦包括請網紅推銷。要特別注意的是,所選擇的合作媒體或網紅,對於推銷的效果有很大的影響力。

前面介紹的無償媒體，係指 Twitter、LINE、Facebook、Instagram 等各種社群網路服務。雖然企業非常難以控制資訊，不過會透過**第三者的口碑**傳播資訊，優點是可以獲得消費者對商品的信任。為了妥善運用無償媒體，必須掌握各種社群媒體的屬性。例如以年輕女性為客群的商品，就要選擇年輕女性用戶多的社群媒體。

在日本使用較為廣泛的主流社群媒體，包括 Twitter、LINE、Instagram、Facebook。只要參考依性別、年齡層分類的資料（參考第81頁），就可得知每種社群媒體用戶群的差異。例如，Instagram 有許多 20 多歲的女性用戶，因此是針對 20 多歲女性推銷時最有用的媒體；相對地，Twitter 有許多 20 多歲男性的用戶，因此要對 20 多歲男性推銷商品的話，最好以 Twitter 為重點。30 多歲的人大多用 Facebook，不過也有 20 多歲與 50 多歲的用戶，可對較廣的年齡層推銷。在日本，LINE 用戶總數最多的社群媒體，比 Facebook 的年齡層更廣，如果想賣給所有世代，可運用 LINE 做行銷。

用第三者的口碑傳播資訊！

這間店的服務真棒

是喔！

原來如此！

無償媒體

社群網路服務的總稱，其代表內容是用戶的反應和口碑。由於可看見消費者的真心話，企業無法直接插手。另一方面，也有容易成為話題、能夠長期做品牌管理的優點。

03

Twitter | Instagram | Facebook | TikTok | YouTube | LINE | Pinterest

網路行銷中社群媒體的存在

由於網路進入我們的生活，網路行銷也變得興盛。在這其中，社群媒體又站在何種位置呢？

企業進行的網路行銷（2015年）

63.1%

46.4%

32.1%

29.8%

28.6%

每年的活用性
逐漸上升

SEO
藉由提升自家公司在搜尋引擎中的排名，以增加與用戶接觸的機會。

訪客分析
分析來到自家公司經營的網站的訪客身分、行動和足跡，據此進行改善以達到更佳的效果。

搜尋引擎行銷
透過付費的方式，當用戶輸入關鍵字時，可以直接顯示在最前面的位置。

聯盟行銷
依據成效進行分潤。當用戶點擊某個部落格或網站的廣告而購買商品時，廣告主會支付報酬給站長。

行動網站的最佳化
配合手機的規格，調整文字大小和設計，以達到最佳的顯示效果。

網路行銷活用網路。從網路的黎明期開始就有網路行銷，在 1994 年出現全球第一個橫幅廣告。在 2000 年左右，電腦在辦公室和一般家庭開始普及，開始用部落格等工具大量發佈資訊。在這股潮流中，出現了社群媒體，接著智慧型手機進入我們的生活，因此開始有了社群行銷。那麼現在於網路行銷中，社群媒體又站在什麼樣的位置呢？

在 DM Solutions（譯註：網路廣告公司）2015 年以企業經營者為對象實施的調查中，進行網路行銷的策略裡，SEO 對策佔 63.1％，排名第一，而運用社群媒體佔 23.8％，排名第六。以當時來說這個比重絕對不算少。在這之後，「IG 美照」被選為日本的流行語大賞，且由於新冠肺炎「在家時間」增加，社群媒體的使用時間呈現全球性的成長，社群媒體的用戶人數與使用時間更逐漸提升，因此成為行銷必須考慮的方式。這幾年備受矚目的內容行銷（用內容獲得顧客的方法）（參考第 50 頁），也適用於社群媒體。

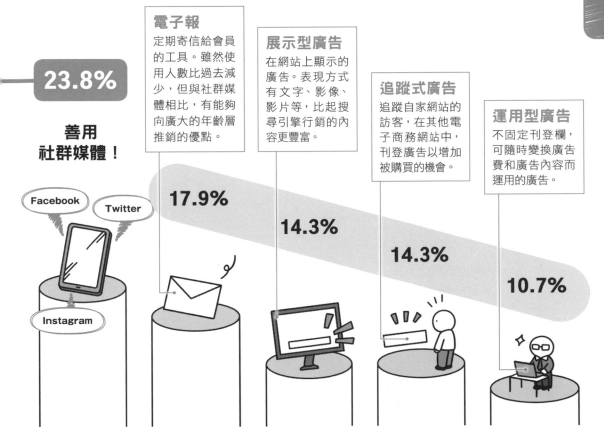

23.8%

**善用
社群媒體！**

Facebook　Twitter

Instagram

電子報
定期寄信給會員的工具。雖然使用人數比過去減少，但與社群媒體相比，有能夠向廣大的年齡層推銷的優點。

17.9%

展示型廣告
在網站上顯示的廣告。表現方式有文字、影像、影片等，比起搜尋引擎行銷的內容更豐富。

14.3%

追蹤式廣告
追蹤自家網站的訪客，在其他電子商務網站中，刊登廣告以增加被購買的機會。

14.3%

運用型廣告
不固定刊登欄，可隨時變換廣告費和廣告內容而運用的廣告。

10.7%

04

Twitter Instagram Facebook TikTok YouTube LINE Pinterest

社群行銷與過去的行銷有何不同？

社群媒體盛行，有越來越多人使用，也讓用戶的行動產生變化，結果讓網路行銷的方式也產生了變化。

各種**社群媒體的用戶人數**正在逐漸增加。許多調查都能證明這種趨勢，而看在社群媒體的用戶眼中，也能夠實際感受社群媒體的興盛吧？由於用戶逐漸習慣使用社群媒體，其行動也能看出改變。例如，購買在 Twitter 訊息上看見的商品，或為了在 Instagram 發文而特地前往能拍出「IG 美照」的場所。另外，用戶改變**搜尋方法**，也對行銷帶來變化。

只依賴 SEO 的情況

只依賴 SEO 或許很嚴苛…

搜尋的排名都上不去…

難得做了好的內容，卻被學走了！

前面的搜尋結果都是Amazon或樂天…

由於搜尋引擎的演算法改變，導致搜尋結果的排名難以提升。若只專注實施 SEO，或許可能直接受到更新的影響。想要避免依賴特定的網路媒體，需增加選擇的管道。

在過去，網路用戶如果想要知道什麼，會在 Google 和 Yahoo! 中進行搜尋。不過，現在越來越多社群媒體的用戶會選擇在 Twitter 和 Instagram 內搜尋。特別是年輕的 Instagram 用戶，即使有想知道什麼，也不是輸入關鍵字搜尋，而是運用主題標籤。如第 43 頁所述，雖然許多企業致力於 SEO，但是不使用關鍵字搜尋的社群媒體用戶增加了，因此只依賴 SEO 是有風險的。必須在社群媒體上提升自家公司的商品和品牌認知度。就這層意義而言，也可說是社群媒體的出現正逐漸改變網路行銷的方法論。

也依賴社群行銷的情況

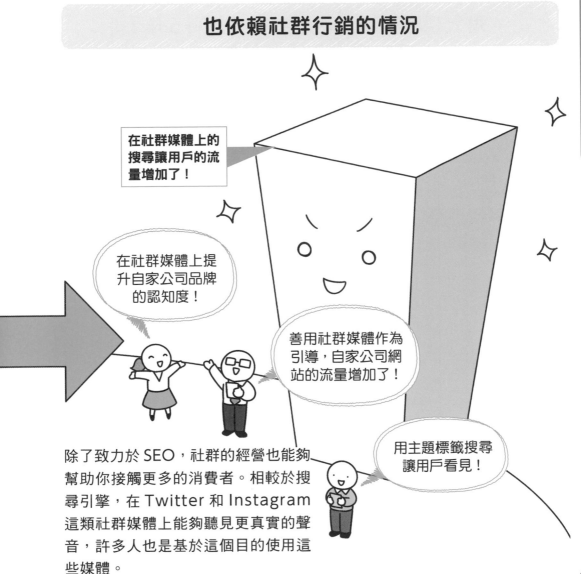

在社群媒體上的搜尋讓用戶的流量增加了！

在社群媒體上提升自家公司品牌的認知度！

善用社群媒體作為引導，自家公司網站的流量增加了！

用主題標籤搜尋讓用戶看見！

除了致力於 SEO，社群的經營也能夠幫助你接觸更多的消費者。相較於搜尋引擎，在 Twitter 和 Instagram 這類社群媒體上能夠聽見更真實的聲音，許多人也是基於這個目的使用這些媒體。

Twitter | Instagram | Facebook | TikTok | YouTube | LINE | Pinterest

05 智慧型手機與社群媒體的普及改變行銷

越來越多人在用社群媒體。原因在於智慧型手機的普及，以及透過智慧型手機上網的使用者增加。

兩大搜尋引擎的使用者數（2015年）

近幾年，從電腦轉移至智慧型手機上網的情況顯著。電腦的使用者減少，相對的智慧型手機越來越普及。

手機
4735 萬人

電腦
3892 萬人

差了 1 倍…

手機
4446 萬人

電腦
2491 萬人

Yahoo!
日本國內兩大網路服務之一。可查詢氣象、電車轉乘資訊，提供各式各樣的服務供人使用查詢。

Google
日本國內兩大網路服務之一。智慧型手機使用者的成長率快速，2019 年的使用率已經與 Yahoo! 並駕齊驅。

雖然社群媒體給人與老年人無緣的印象，但其實有越來越多老年人開始用 LINE 和 Facebook。同時也有資料顯示，所有年齡層的**社群媒體的使用時間**都在增加。根據平成 30 年度（2018 年）總務省資訊通訊政策研究所的調查，所有年齡層平均利用網路「看、寫社群媒體」的時間位居第二，僅次於第一名的「看、寫電子郵件」（針對平日的調查）。如此廣大的年齡層長時間使用社群媒體的原因，是因為智慧型手機的普及。

雖然許多人都是用電腦上網，但實際上透過電腦用網路服務的使用人數正在減少。根據尼爾森線上（譯註：分析網路受眾行為的公司）的調查，2015 年利用電腦使用 Yahoo!、Google、Amazon、YouTube、Facebook 等服務的使用人數與前一年相比減少。相對的這個調查也顯示，透過智慧型手機上網的使用人數越來越多。同時，也得知約 92％的智慧型手機使用者有在用社群媒體。顯示現在許多人都會使用智慧型手機上網並使用社群媒體。

Facebook與YouTube的用戶人數（2015年）

智慧型手機使用者增加的背後，與社群媒體的普及有密切的關聯。智慧型手機的使用者中超過九成是社群媒體用戶，對行銷的運用等使用價值正在提升。

手機
3536萬人

電腦
1602萬人

Facebook
Facebook 受到男女老少廣大的年齡層支持，智慧型手機的使用者也壓倒性的多，其人數超過電腦使用者兩倍。

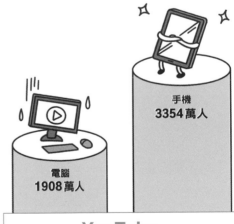

手機
3354萬人

電腦
1908萬人

YouTube
2015 年與前一年相比增加率為 29％，可說是近幾年從電腦轉至智慧型手機用戶數最多的網路服務。

47

Twitter Instagram Facebook TikTok YouTube LINE Pinterest

06 社群行銷的影響力

社群媒體上的資訊會透過用戶擴散。透過社群行銷,用戶對商品和企業感同身受,這種狀況將有助於營業額的提升。

在行銷上活用社群媒體的優點,最主要的就是**資訊擴散力**。這是傳統媒體做不到的。以前企業發佈的資訊經由大眾媒體和網路媒體傳遞給用戶,然而社群媒體出現後,用戶接收到的資訊便可透過社群媒體一瞬間再擴散出去。同時,電視節目開始報導在社群媒體上蔚為話題的訊息,而這個報導又在社群媒體形成話題,資訊因而擴散的循環變多了。

社群行銷的擴散力

② 在各種社群媒體上發表文章
Twitter、Facebook、YouTube、Instagram 等,因應行銷目的使用社群媒體,以用戶習慣的形式發表文章。

① 企業製作內容
企業的社群行銷負責人,製作自家公司商品的介紹和品牌管理的發文內容。

為了觸及用戶…

發表 140 字
的幽默文章

重視照片
的品質!

用短片簡單
地講解

48

由於社群媒體上的資訊是經由用戶擴散而出的，因此社群行銷不能是**企業本位**，必須以**用戶本位**的方式進行。用戶對企業發佈的資訊感同身受，就會分享這則資訊，好讓更多用戶看到。為了讓資訊擴散、提升企業和商品的印象，重要的是讓用戶感同身受。同時，社群行銷不僅有助於增加印象，也有資料顯示對營業額有所幫助。根據網路調查公司 NTTCom 在 2015 年針對企業運用社群媒體帶來的效果之調查結果，效果的第三名為「新顧客增加」（58.4％），第四名為「提升既有顧客的重複購買率」（53.8％）。可說有緊緊抓住顧客的效果。

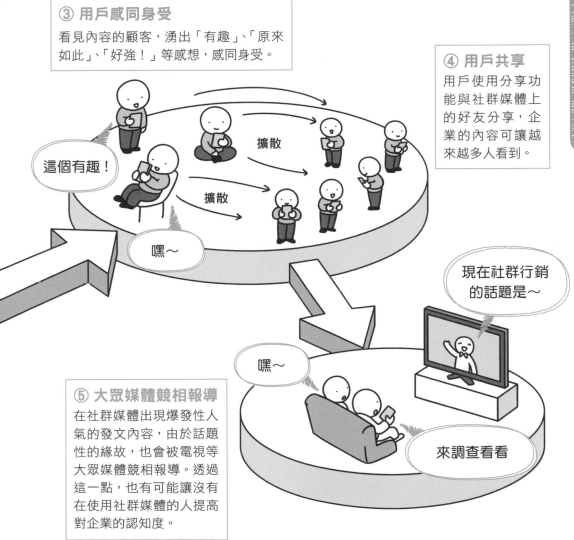

③ **用戶感同身受**
看見內容的顧客，湧出「有趣」、「原來如此」、「好強！」等感想，感同身受。

④ **用戶共享**
用戶使用分享功能與社群媒體上的好友分享，企業的內容可讓越來越多人看到。

這個有趣！

擴散

擴散

嘿～

現在社群行銷的話題是～

嘿～

⑤ **大眾媒體競相報導**
在社群媒體出現爆發性人氣的發文內容，由於話題性的緣故，也會被電視等大眾媒體競相報導。透過這一點，也有可能讓沒有在使用社群媒體的人提高對企業的認知度。

來調查看看

07

Twitter Instagram Facebook TikTok YouTube LINE Pinterest

社群媒體與內容行銷的契合度佳

近幾年備受矚目的內容行銷，用在社群媒體的成效非常好。活用社群媒體，能夠達到資訊擴散，和用戶因內容而流入等成效。

「**內容行銷**」是與社群媒體契合度良好的方法。內容行銷原本是在美國誕生的概念，近幾年在日本也越來越廣為人知。簡單來說，內容行銷就是「藉由提供吸引人的內容以集客，讓他們購買商品」。例如，在嬰兒用品的網路商店刊登育嬰相關的新聞，就是內容行銷的範例。這種方式對於厭倦傳統廣告的消費者來說，非常具有吸引力。

傳統的內容行銷

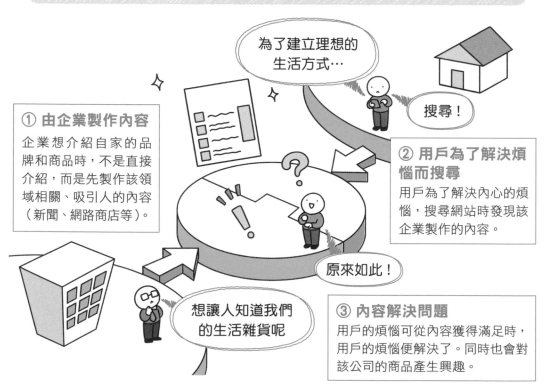

為了建立理想的生活方式…

搜尋！

① 由企業製作內容
企業想介紹自家的品牌和商品時，不是直接介紹，而是先製作該領域相關、吸引人的內容（新聞、網路商店等）。

② 用戶為了解決煩惱而搜尋
用戶為了解決內心的煩惱，搜尋網站時發現該企業製作的內容。

原來如此！

想讓人知道我們的生活雜貨呢

③ 內容解決問題
用戶的煩惱可從內容獲得滿足時，用戶的煩惱便解決了。同時也會對該公司的商品產生興趣。

運用內容行銷，必須讓內容的資訊散播出去，並將用戶引導至自家公司網站，在這個層面上可以說用社群媒體的成效非常好。企業可從社群媒體上的分享數、點擊連結數分析內容對社群媒體用戶具有多大的魅力，也能夠利用Google Analytics分析有多少用戶從哪個社群媒體因內容而流入。透過此分析，不僅能夠掌握各社群媒體與契合度佳的內容主題，還可以藉此改善內容的品質，來增加對消費者推銷的能量，吸引更多的消費者。

用社群媒體的內容行銷

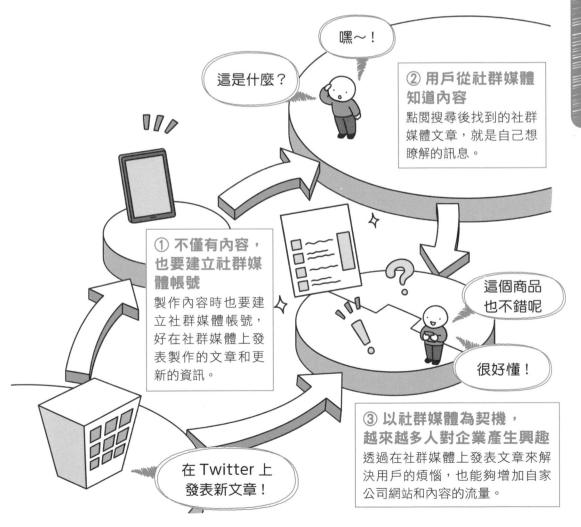

嘿～！

這是什麼？

② 用戶從社群媒體知道內容
點閱搜尋後找到的社群媒體文章，就是自己想瞭解的訊息。

① 不僅有內容，也要建立社群媒體帳號
製作內容時也要建立社群媒體帳號，好在社群媒體上發表製作的文章和更新的資訊。

這個商品也不錯呢

很好懂！

在 Twitter 上發表新文章！

③ 以社群媒體為契機，越來越多人對企業產生興趣
透過在社群媒體上發表文章來解決用戶的煩惱，也能夠增加自家公司網站和內容的流量。

Twitter | Instagram | Facebook | TikTok | YouTube | LINE | Pinterest

08 在社群媒體提升知名度，有增加指名搜尋的好處

「指名搜尋」係指將商品名和品牌名設為關鍵字搜尋。只要在社群媒體上的口碑越來越多，指名搜尋也會跟著增加。

「**指名搜尋**」是指直接輸入商品名、品牌名、店名或公司名來進行搜尋。相對的，「**一般搜尋**」則是輸入運動鞋、拉麵等一般名詞的搜尋。一般搜尋的情況，例如用「眼鏡 網購」、「冰箱 推薦」等形式搜尋，因此會有非常多的對手。要爭取好的搜尋結果排名，必須從眾多競爭對手中脫穎而出，這需要搜尋引擎行銷的高度技巧。不過，你也可以運用指名搜尋來避開競爭如此激烈的戰場。

增加指名搜尋及口碑

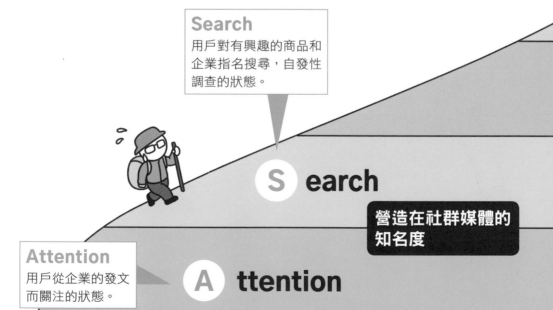

Search
用戶對有興趣的商品和企業指名搜尋，自發性調查的狀態。

Search

營造在社群媒體的知名度

Attention
用戶從企業的發文而關注的狀態。

Attention

在社群媒體上關於商品和品牌的口碑越多，指名搜尋也有隨之增加的趨勢。歸根究柢，若商品和品牌不為人所知，就沒有人會搜尋，因此首先必須提升口碑。若在社群媒體上追蹤的對象談到商品和品牌，就會給人流行的感覺；從可信任的朋友推薦「那個商品真的很棒」就容易興起購買的慾望。另外，若因口碑成為話題，消費者購買後就容易隨手在社群媒體上發文「買了那個商品」，口碑將更容易傳開。同時，要讓人指名搜尋，命名得掌握容易記，容易搜尋的商品名和品牌名也很重要（避免用特殊文字或太長的名字）。

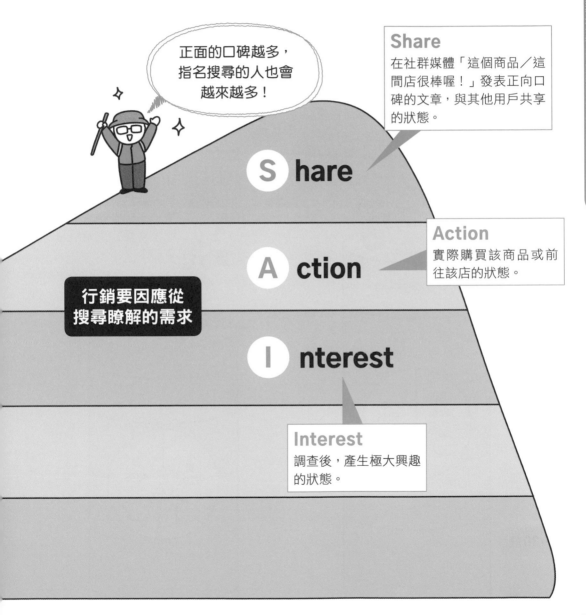

正面的口碑越多，
指名搜尋的人也會
越來越多！

Share
在社群媒體「這個商品／這間店很棒喔！」發表正向口碑的文章，與其他用戶共享的狀態。

S hare

Action
實際購買該商品或前往該店的狀態。

A ction

行銷要因應從
搜尋瞭解的需求

I nterest

Interest
調查後，產生極大興趣的狀態。

09

Twitter | Instagram | Facebook | TikTok | YouTube | LINE | Pinterest

每種社群媒體的用戶年齡與性別都不同

在社群行銷中，考量各個社群媒體的用戶年齡層與性別，將有助於進行符合該族群的推廣。

代表性社群媒體與用戶分布

LINE

以日本國內用戶數居於榜首為傲。用戶數多，不分男女，由於每天都會用，因此觸及的範圍大。

Twitter

特別是年輕人（20～40多歲）的使用率最高。雖然有炎上的風險，但只要發表受年輕人喜愛的文章就萬事 OK。

60~70歲

50~60歲

40~50歲

男 47%　女 53%

30~40歲

男 52%　女 48%

20~30歲

10~20歲

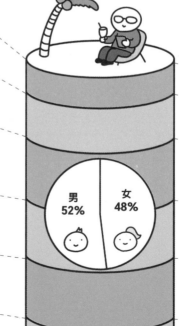

思考用社群媒體做行銷時，必須將其社群媒體用戶的**年齡層**與**性別**列入考量。不同種類的社群媒體，用戶族群也有大幅差異。特別容易瞭解的就是年齡與性別的區分。

下圖為代表性的四大社群媒體用戶的各年齡層、性別等分析。Twitter 大多為 20～40 多歲用戶，用來做遊戲 App 和媒體等娛樂領域的宣傳非常有效。相對的，Facebook 具有 30～40 多歲為主的廣大用戶數，因此適合用在相對年齡層較高的推銷。Instagram 的用戶絕大部分都是 20～40 多歲，因此最適合用來針對年輕人，尤其是女性，利用照片來推銷實體商品。而 LINE 的用戶數最多，不分男女，所有的年齡層都有在用。

我們以 Facebook 與 Instagram 來舉例說明。Facebook 具有相對年齡層較高的男性用戶，Instagram 的用戶大部分是年輕女性。若想要推銷「以年輕女性為客群的化妝品」，當然不是用 Facebook，用 Instagram 將更有效果。相對的，想推銷以商務人士為客群的商品時，用 Instagram 的成效則不佳。因此必須依據想推銷的商品和服務的目標對象，思考應該選用哪一種社群媒體。

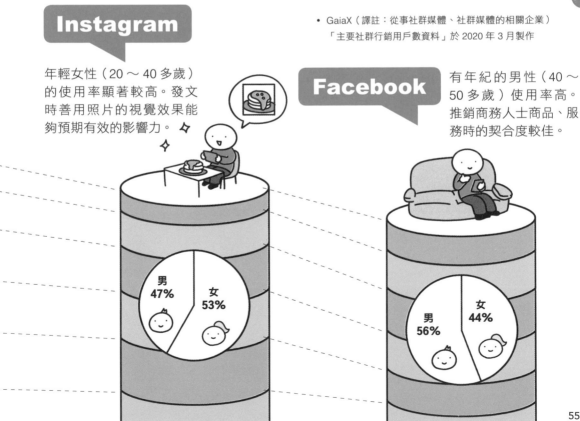

Instagram

年輕女性（20～40 多歲）的使用率顯著較高。發文時善用照片的視覺效果能夠預期有效的影響力。

男 47%　女 53%

Facebook

有年紀的男性（40～50 多歲）使用率高。推銷商務人士商品、服務時的契合度較佳。

女 44%　男 56%

• GaiaX（譯註：從事社群媒體、社群媒體的相關企業）「主要社群行銷用戶數資料」於 2020 年 3 月製作

Twitter | Instagram | Facebook | TikTok | YouTube | LINE | Pinterest

10 5G 加速了影片行銷的規模

日本在 2020 年進入 5G 時代。高速、高容量、低延遲、多裝置同時連接的通訊，對智慧型手機影片廣告也帶來重大影響。

網路上有許多影片廣告，除了以 Youtube 為首的影片網站會播放影片廣告之外，社群媒體也會使用影片廣告。根據某項調查，2018 年影片廣告市場有 2027 億日圓的規模，預計日後有更大幅度的成長。也有調查結果顯示影片與消費行為的高度相關，因此致力於影片的公司將逐漸增加。2020 年開始的第五世代行動通訊技術「**5G**」，更為影片廣告帶來推波助瀾的效果。

5G 帶來的優點

4 K

8 K

低延遲

高畫質！

沒有延遲！

從請求資料到發送資料的時間變短，可以抑制通訊過程中所發生的延遲。即便是 4K 或 8K 等高畫質的影片，播放時也不會延遲。

用流暢的高畫質影片宣傳，讓用戶看見

5G 是指新的行動裝置通訊技術，具備高速、高容量、低延遲、多裝置同時連接等特點。能夠即時傳送高容量的資料，通訊時幾乎不會發生延遲，同時也能夠連接許多裝置。由於 5G 帶來良好的通訊環境，可預期**直播**將比以往更加興盛。5G 不只影響用智慧型手機觀看的影片廣告，也將對在電車內或街上的電子告示牌等**影片廣告**帶來影響。在聚集大批人潮的會場，也能流暢地通訊，因此向聚集在演唱會現場觀眾的智慧型手機推播影片廣告也變得可行，VR 影片的廣告也會越來越多。

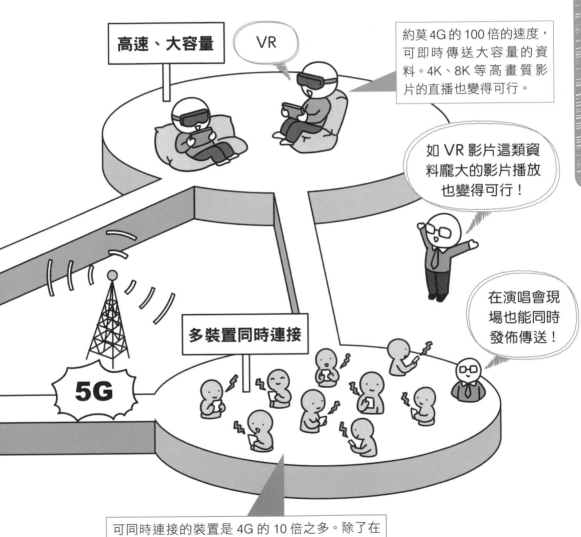

高速、大容量

VR

約莫 4G 的 100 倍的速度，可即時傳送大容量的資料。4K、8K 等高畫質影片的直播也變得可行。

如 VR 影片這類資料龐大的影片播放也變得可行！

在演唱會現場也能同時發佈傳送！

多裝置同時連接

5G

可同時連接的裝置是 4G 的 10 倍之多。除了在家裡和辦公室，在攝影棚或演唱會現場等人多的地方，也能收看順暢的影片。

column

建議牢記的

社群行銷
用語集 ②

☑ KEY WORD

無償媒體   P39

消費者在社群媒體接觸的媒體類型之一。指社群媒體、部落格、留言板，
特色是由消費者自動自發的推薦。英語「earned」即「獲得」的意思，
指獲得消費者信用和評價的媒體。

☑ KEY WORD

網路行銷   P43

活用網路的行銷。從橫幅廣告開始，一般人廣泛使用 SEO、搜尋引擎行
銷（與用戶的搜尋結果相關而刊登的廣告）、部落格、社群媒體等，而現
在內容行銷也越來越普及。

SEO P43

在網路搜尋時，為了讓自家公司網站的搜尋結果顯示在排名前面而做的措施。許多公司雖然將其作為網路行銷的一環運用，不過，年輕的社群媒體用戶有越來越少用 Google 和 Yahoo! 搜尋的傾向，實際上僅依賴 SEO 是一件很危險的事情。

內容行銷 P50

這種行銷方法提供含有用戶需要資訊的內容，讓用戶成為粉絲，最後願意購買商品。經常能看見用自家公司的自有媒體，以消費者的觀點來發表文章。

直播 P57

在網路上即時播放影片。2017 年是日本的「直播元年」，現正在急速成長，可在 YouTube 等各種不同的平台上發佈影片。直播，和一般純觀看的影片不同，能夠與觀看者直接做交流，因此也被用於行銷。

VR 影片 P57

VR 是「Virtual Reality（虛擬實境）」的簡稱，是指可令人有宛如身歷其境般體驗的影片。由於也能提供具有商品和服務的假想體驗，因此在商業上活用 VR 影片的案例也增加了。

Chapter 3

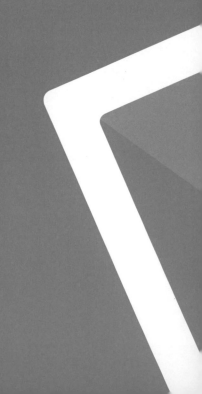

SNS marketing
mirudake note

應熟記的
社群行銷策略

本章彙整在做社群行銷時,應該具備的策略性思維。該如
何開始、想要達成什麼目標、如何進行管理等等,都是著
手制定社群行銷策略之前應該具備的知識。

Twitter Instagram Facebook TikTok YouTube LINE Pinterest

01 最初應該考慮的四大要素

在行銷上用社群媒體時，事前應決定的四大要素為「目的」、「人物像」、「使用的社群媒體」、「運用方針、運用指南」。

「其他公司都在做，我們也要在社群媒體上經營官方帳號」以這樣的心態毫無計畫地開始，這樣的社群行銷是不會有任何成果的。在使用社群媒體之前，最好先做以下四件事。第一件事是「設定目標」。設定 KGI 與 KPI（參考第 68頁）的目的，是為了確認是否能夠達成預期的效果。KGI 的意思為關鍵目標指標，是最終目標；KPI 的意思為關鍵績效指標，是為了達成 KGI 的中期目標。

開設帳號前應該做的功課

並非隨手開設帳號即可，首先要遵循步驟，建立符合理想行銷的帳號。

一開始就要決定好，是為了什麼運用帳號，要出現何種結果才能達到成果。若此時沒有決定好，目的就會變成運用社群媒體這件事。

要明訂內容是對誰製作的。如果人物誌的主軸不明確，屆時發表的內容將曖昧不清。

1 設定目標

2 設定人物誌

第二件事是「**人物誌**」（persona）。人物誌有角色、人格的意思。如果不弄清楚自己商品的目標客群，行銷就無法展現成效，因此要盡可能具體設定顧客的人物誌，如「40 多歲的已婚男性，職業是零售業，興趣是旅行」。第三件事是「**使用的社群媒體**」。每種社群媒體的特色和主要的使用族群皆不同，因此請選擇適合自己目標和對顧客推銷的社群媒體。第四件事是「**管理方針與規則**」。運用社群媒體，有時會遇到出乎意料的突發狀況。只要事前準備好可因應各種不同狀況的管理方針與規則，就令人安心了。

開設

等發生意外後再討論如何處理已經太晚了，最好能夠先決定管理方針與規則。

Twitter、Facebook、LINE、TikTok 等，從各種不同的社群媒體中，選擇適合目的、人物像、自家公司商品和服務的媒體。

4 決定管理方針

3 決定社群媒體

一開始必須先決定好使用規則！

目標客群非常重要呢！

02

Twitter | Instagram | Facebook | TikTok | YouTube | LINE | Pinterest

重點是降低宣傳的色彩，透過發文讓人「印象深刻」

在個人媒體群集的社群媒體上，每個用戶都會發表訊息。降低企業的宣傳色彩，才能讓用戶感同身受，讓訊息擴散出去。

降低宣傳色彩，讓人願意分享

發表訊息

宣傳色彩濃厚

宣傳　宣傳　宣傳

哼一

過去在企業本位的網路行銷，宣傳色彩濃厚。這種做法無法讓用戶感同身受，因此無法期待分享人數增加。

在社群行銷中，不可以明白地展現宣傳的意圖。當社群媒體的用戶察覺企業的目的是宣傳時，就不會有支持該品牌和商品的想法。前面曾經說過，行銷最終是為了讓消費者產生「想買的念頭」。必須以消費者為中心執行。特別是，在社群媒體上企業的宣傳意圖被看穿的話，這件事有作為負面訊息擴散而出的危險，因此必須要徹底貫徹消費者本位的原則。

社群媒體是**個人媒體**的集合體，在大量個人資訊擴展的地方，與過去的媒體大不相同。由於個人依自己的意志擴散訊息，用戶會將「這個商品不錯」、「這個品牌很優秀」的感受透過訊息分享出去。宣傳色彩越低的訊息，用戶願意分享的意願越高，商品和品牌的認知度便可提升。「注意到那件商品」、「記得那件商品」、「回想起那件商品」、「用商品名稱搜尋」，當認知度提升時，用戶就會經過這個階段，以結果而言，不展現宣傳特色的社群行銷，更容易讓消費者對商品產生興趣。

降低宣傳色彩，提供「用戶想知道的資訊」這種消費者本位的資訊，更容易讓人感同身受。因為是在產品沒有宣傳且一般人尚未熟悉的情況下被分享出去，讓消費者有「原來還有這個商品阿⋯」的深刻感受，進而促使其購買的衝動與行動力。

降低宣傳色彩
的資訊

印象深刻

讚！

就想知道這件事！

也告訴朋友吧！

前陣子你跟我提過的那東西

分享

吸睛的美照

講解想查詢事情的影片

幽默的發文

好想要喔～

嘿～原來還有這東西啊

分享

03 仔細思考社群行銷的目標

若沒有設定目標，就無法期待社群行銷的成效。目標有品牌管理、集客、促銷和客戶服務。

第 62 頁提到過，執行社群行銷時必須設定具體的目標。缺乏目標就無法擬定行銷策略，也無從判斷行銷是否有成效。透過 KGI（關鍵目標指標）與 KPI（關鍵績效指標）的制定，可以幫助我們擘劃行銷的藍圖。決定 KPI 的具體數字時，可參考其他公司操作社群媒體的實績，以此作為努力的目標。

活用社群媒體的三個主要目標

提供用戶本位的資訊，讓用戶感同身受而增加分享數。能夠加深許多人對企業和商品的印象。

社群行銷的目的，大致上可分成「**品牌管理**」、「**集客和促銷**」、「**客戶服務**」。所謂品牌管理，具體而言就是增加自家公司品牌和商品的知名度，提升對其信任度和好感度。因此，目標在於增加品牌官方帳號的追蹤數，和對於發文按「讚」的人數。在集客和促銷中，目標在於讓人點進自家公司網站和造訪實體店鋪。在客戶服務中，要即時應對顧客透過社群媒體傳來的疑問和煩惱。發現傷腦筋的用戶在社群媒體上發文表示煩惱，企業方面也可以主動出擊，詢問「是否有什麼困擾嗎」來積極協助用戶。

Twitter Instagram Facebook TikTok YouTube LINE Pinterest

04 思考 KGI、KPI

訂定 KGI 後，設定 KPI。KPI 的關鍵指標必須與達成 KGI 緊密相關，無助於提升銷售的 KPI 就不是理想的指標。

KGI 是社群行銷的最終目標，可以根據公司內部討論、顧客訪談的結論而制定，也可以參考自家公司的中期計畫資料，了解哪些地方能夠藉由社群媒體補強，據此來決定 KGI。決定好 KGI 後，接著設定 **KPI**。諸如「提升認知度」、「提升好感度」、「追蹤人數」、「按讚數」、「主題標籤發文數」、「自家網站的點擊數」、「提升購買慾」等，都可以設為 KPI。設定 KPI 時，一定要仔細思考 KPI 是否與達成 KGI 有明確的相關性。

KGI與KPI設定的過程

❶ 明確設定目的

俯瞰整體行銷，設定「年營業額成長 10%」之類的目標。

首要之務是設定具體的目標，才不會偏離營運的主軸（參考第 66 頁）。

❷ 設定 KGI

就算目標追蹤人數或按讚數這類的 KPI 達標，如果沒有帶來銷售量的成長，那就沒有意義了。因此，在制定社群行銷策略時，訂定的 KPI 必須有助於達成 KGI；反過來看，KGI 與 KPI 也可以用來評估社群行銷的成效。KPI 的達成率最好每月檢視一次，KGI 的達成率每年也要檢視一兩次。對消費者進行問卷調查就是了解 KGI 達成率的方法之一，「決定購買時，參考的資訊來源？」、「在社群媒體上主動發文提到商品幾次？」這類的問卷內容，可以幫助你了解社群媒體對銷售有多少貢獻。

KGI = Key Goal Indicator
　　　　（關鍵目標指標）
KPI = Key Performance Indicator
　　　　（關鍵績效指標）

❸ 為了達成 KGI，明訂 KFS

為了達成 KGI 所需的關鍵要素，找出 KFS。

※KFS = Key Factor for Success（重要成功因素）

確定 KFS 之後，據此制定 KPI 來達成 KGI。

❹ 基於❸，設定可達成 KGI 的 KPI

05

Twitter Instagram Facebook TikTok YouTube LINE Pinterest

詳細設定目標的人物誌

為了明訂欲傳遞資訊給什麼人，要明確打造該人物的人物誌。只要能夠完成真實的人物誌，行銷的策略就能更加明確。

設定要更加具體

30多歲男性

大致上的設定

年齡？

家族成員？

職業？

出身？

學歷？

目標客層的預設 ⟶ 設定人物像

為了在社群媒體傳遞資訊，必須妥善決定要將資訊傳遞給什麼人。若不具體，行銷策略將曖昧不清。為了明確定義出資訊受眾的面貌，可以設定年齡、性別、職業、居住地、興趣專長等，打造一個人物誌。根據不同的情況，也可以設定多個人物誌。例如，遊樂園的客人有家庭族群、10～20多歲的年輕人等。這種情況，請設定多個人物誌。

訂定人物誌時可當作參考的，包含實際的顧客、造訪自家公司網站用戶的資料，和一般公開的調查資料。同時，也可運用「**STP**」方法來篩選出顧客的人物誌。S 指市場區分（segmentation），將人分類成各種不同的指標，如年齡、性別、地區等。接著 T 指目標市場（target），從 S 的分類中鎖定目標。最後的 P 是指市場定位（positioning），針對目標市場找出與其他公司的差別，如「敝公司的商品有這些特色」，以突顯自家公司商品的魅力。決定人物誌時，要掌握在社群媒體上有多少這種屬性的客群。例如人物誌設定為 20 多歲女大學生的話，只要掌握社群媒體上這個客層的人數，就能夠設定 KPI，當作參考。

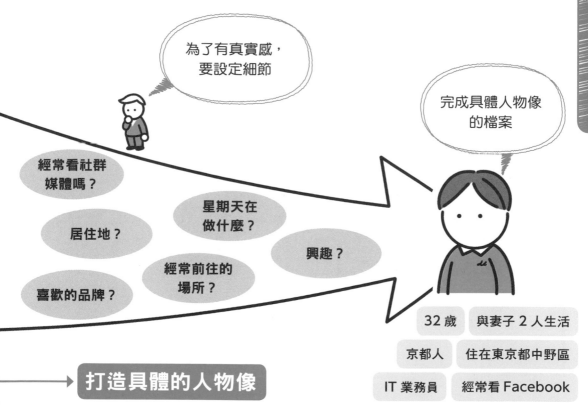

打造具體的人物像

Twitter | Instagram | Facebook | TikTok | YouTube | LINE | Pinterest

06 社群媒體的種類與特性

社群媒體可依「是否對所有人公開發文」、「帳號用實名還是匿名」、「資訊是否容易擴散」、「是否容易炎上」等重點分類。

分類社群媒體時，重要的項目包含有「**開放型**或**封閉型**」、「實名或匿名」、「是否用**主題標籤**（＃）」、「是否容易擴散」、「是否容易炎上等」。「開放型或封閉型」係指社群媒體公開的類型。開放型基本上是所有人都能夠看到發文，Twitter、Instagram 就屬於這一類。而 LINE 的發文只針對特定用戶公開，屬於封閉型。說到「實名或匿名」的不同，只有 Facebook 原則上使用實名註冊，其他社群媒體可自由選用實名或匿名。

社群媒體主要的五大特色

Twitter、Instagram、TikTok、YouTube、Pinterest 等

LINE 等

開放　　封閉

開放型

設定成針對不特定的用戶公開，或只對特定用戶公開。即便是開放型，也有可從個人設定調整成封閉型的功能。

Facebook 等

Twitter、Instagram、TikTok、YouTube、LINE、Pinterest 等

實名　✕　匿名

顯示名稱

是否有實名註冊的規定。即便是匿名的社群媒體，也不表示禁止用實名。

主題標籤（＃）是從 Twitter 上誕生的，現在許多的社群媒體都有這項功能。雖然在資訊共享和擴散方面可發揮極大力量，不過使用的頻率不一。最常用的是 Twitter 與 Instagram，而 Facebook 與 LINE 不常用。每種社群媒體的擴散度也不相同。用 Twitter 的轉推功能、Facebook 的分享功能便容易擴散。不過，雖然擴散力強，資訊可快速傳播出去，但同時也有容易引起「炎上」（參考第 180 頁）的缺點。同樣地，匿名的社群媒體有更多攻擊性的留言，因此有容易炎上的傾向。Twitter 在社群媒體中擴散力強、有許多匿名的用戶，比起其他社群媒體更容易發生炎上。

主題標籤
將「＃」與關鍵字組合，可搜尋同樣標上主題標籤的內容。

擴散
按「讚」或「轉推」等，是否容易傳播給其他用戶。

炎上
是否容易擴散，與是否容易炎上息息相關。特別是 Twitter 的擴散力、匿名性高，容易炎上。

Twitter Instagram Facebook TikTok YouTube LINE Pinterest

07 管理方針與規則的重要性

為了穩定進行運用，事前要訂定管理方針與規則。即使遇到意外事件發生，也能冷靜應對。

關於「如何經營社群媒體」的**管理方針**與**規則**，必須在建立帳號之前就準備妥當。例如若為 Twitter 的官方帳號，要決定「是否回覆私人訊息」、「是否回應回覆的推文」，以及每日發文數、發推的時間點、文章的類型等。若沒有明訂這種方針，就會做出不同的應對，恐怕將發生「對其他人的回答，和對我的回答不同」這類客訴。

方針與規則的不同

「官方」的宣言

刪文的基準

關於運用目的

企業帳號可做的事

管理方針

指對於一般用戶發文時，企業帳號的使用準則與目標，能夠讓使用帳號的員工有一致的行動準則。

外部的人們

明訂管理方針與規則的優點之一，就是「只要遵守，任何人都能經營帳號」。即便社群媒體的負責人更迭，也可用與過去同樣的方式經營帳號。但是，即使做好萬全的因應準備，仍會發生預料外的狀況。在剛開始運用的時期，應該最好明示「有時也會改變使用準則」。意外事件包括炎上及因謠言導致商譽受損等事故。遭遇事故，只要事前擬定具體的對策指南，即便發生炎上或因謠言商譽受損也不用慌張，可立即應對。由於在社群媒體上事態瞬息萬變，因此透過管理方針與規則有效率地應對是很重要的功夫。

公司內部社群媒體負責人等共通的內部規範。預先擬定炎上事故（參考第 180 頁）的對策才能夠安心。

每日發表 2 次

運用時間只在平日上班時間

張貼連結時的注意事項

使用規則

發布影片、照片的方法

公司的人們

Twitter | Instagram | Facebook | TikTok | YouTube | LINE | Pinterest

08 用測量成效做 PDCA 循環

PDCA 循環始於製造業的品質管理，被廣泛運用在不同領域上，可用此方法持續性改善社群媒體的帳號經營。

經營社群媒體的帳號時，用戶會回饋各種不同的反應吧？關於經營，需要做各種不同的改善，例如讓正面反應的部分成長，若有負面的反應則進行修正。此時就能夠活用「**PDCA 循環**」。這是指反覆進行 Plan（計畫）、Do（實踐）、Check（評估）、Action（改善），以持續性改善業務的技巧。原本是用在製造業現場的品質管理上，不過現在也被用在各種不同的領域了。

社群行銷的PDCA

設定「增加●人追蹤」等目標，思考為了達成目標應該怎麼做，開始擬定計畫。對於什麼事、誰做、為何如此做、進行時間、何時開始…將細節分開來看，思考發表在社群媒體上的內容以及促銷宣傳等企劃。

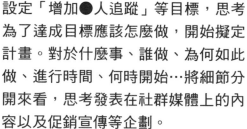

在社群行銷上的 PDCA 循環，首先企劃發文內容（P ＝計畫）、實際上在社群媒體上實踐（D ＝實踐）、確認用戶的反應（C ＝評估）、基於用戶反應進行改善（A ＝改善）。為了 PDCA 循環，必須每個月製作報告。報告上記錄每個月的資料。若為 Twitter 帳號，記錄追蹤數、回應數、我的最愛數、轉推數等數據，確認每個月的變化。同時，比較反應良好與反應不佳的發文，有助於產出更好的發表內容。製作報告不僅對 PDCA 循環有幫助，也有讓社群行銷的所有工作人員都能夠掌握運用狀況的優點。

從轉推的人中抽籤送禮物！

在社群媒體實際發文。善用社群媒體所提供的報表統計功能，了解用戶的反應與時間等相關數據。

驗證是否有按照計畫實踐。在社群媒體上，能夠立刻知道用戶對於發文內容的反應。

Do 實踐

用社群媒體獨特的速度感進行

興趣

Action 改善

Check 評估

設法解決從評估階段所得知的問題點，加以修正。從用戶的反應可以即時得知改善的效果，再做修正，反覆進行這個過程，就能越做越好。

Twitter | Instagram | Facebook | TikTok | YouTube | LINE | Pinterest

09 根據互動率調整發文內容

互動率代表用戶對你的貼文參與的積極度。根據這個數據，可以判斷用戶對你的貼文是否感興趣。

「**互動率**」（engagement rate）是經營的社群媒體帳號獲得多少社群媒體用戶支持的判斷指標。互動率可將發文的按讚、分享、點擊等反應的比例以數值呈現。單單只有帳號被追蹤，無法得知追蹤者是否有支持，但若是對發文按讚、分享、留言數越多，就能夠推測追蹤者對發文感同身受或有興趣。

互動率高？低？

了解互動率，也有助於研究用戶的反應和關心的程度。只不過由於互動率也包含負面反應在內，除了數據，也要注意用戶的情緒。

無法與用戶交流

互動率低代表用戶對你的貼文不感興趣，無法獲得他們的關注與認同，請一定要重視社群媒體的互動重要性。

低

在不同的社群媒體，用戶呈現反應的互動方式皆不同。Facebook 有按「讚」、分享、留言、點擊照片、播放影片等。Twitter 有轉推、回覆、追蹤、點擊、按「讚」等。而 Instagram 有按「讚」、播放影片、保存發文、留言等。想要提升互動率的方法，包括「以用戶的角度做發文內容」、「與用戶交流」等。此外，互動率也能當作比較競爭公司與自家公司的指標。調查其他公司帳號的互動率，與自家帳號相比後可決定營運方針，如「互動率不高，因此試著發表願意讓人留言的內容」。

$$互動率 = \frac{按「讚」等用戶的反應}{該發文的觸及數} \times 100$$

※ 有時也會將追蹤數和曝光數當作分母計算。

留言　Good!!

轉推

喜歡

讚

保存

追蹤

http://~

點擊連結

閱覽個人檔案

能夠與用戶交流

若能依據用戶的關心及需求發文，就能夠讓人感同身受，順利交流。依各社群媒體的演算法，互動率越高的發文，發文被顯示的機會就有越高的傾向。

高

Twitter Instagram Facebook TikTok YouTube LINE Pinterest

10 了解各種社群媒體的使用效果

配合社群行銷的品牌管理、集客、促銷、客戶服務等目的，選擇最適合的社群媒體。

如第 66 ～ 67 頁所述，社群行銷的目的，大致上區分為品牌管理、集客和促銷、客戶服務。因應這些目的，適用的社群媒體不盡相同，臨機應變**使用最適合的社群媒體**，能夠獲得更有成效的社群行銷。品牌管理是為了提升商品和品牌的形象與知名度，雖然所有的社群媒體都可活用，但使用 Instagram 和 Pinterest（參考第 206 頁），在視覺設計上提升用戶印象的成效更是特別好。

每種目的都有合適的社群媒體

若提到廣義上的品牌管理，雖然所有的社群媒體都可做品牌宣傳，不過其中設計層面強大的 Pinterest 和 Instagram，特別適合用視覺印象做品牌的宣傳。

雖然所有的社群媒體都可進行集客和促銷。不過，根據事業、目標客群的性別和年齡等資訊，適合的社群媒體也不同，因此判斷用哪一種就很重要。

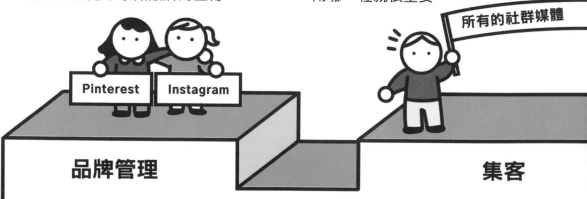

所有的社群媒體都可以用來集客和促銷，但你必須從中選擇最適合你所設定客群的社群媒體。舉例來說，如果目標客戶是 50 多歲的男性，應該要選擇 Facebook，而不是以女性用戶為主的 Instagram。如果要做客戶服務，Facebook、Twitter、LINE 都很適合。用 Facebook 可回答用戶透過 Messenger 提出的問題。在 Twitter，可找到發文表示「不曉得○○○的用法」的用戶，由企業方面接觸，解決其問題。LINE 可用於與用戶之間的交流，你可以準備一個客服帳號，用來處理用戶的疑難雜症。

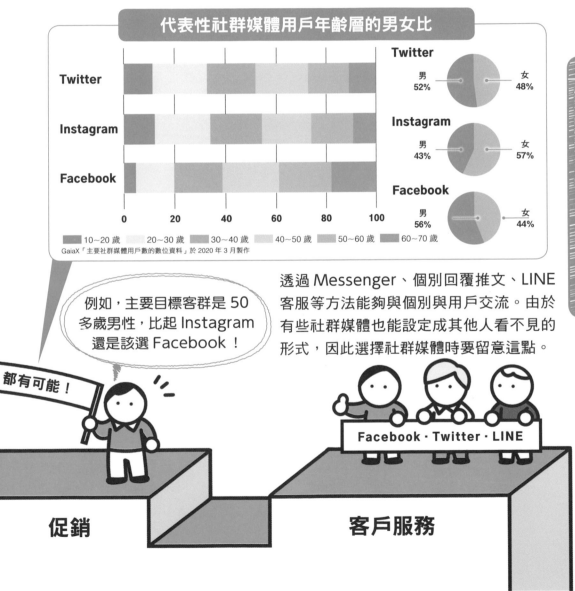

代表性社群媒體用戶年齡層的男女比

Twitter
男 52%　女 48%

Instagram
男 43%　女 57%

Facebook
男 56%　女 44%

■ 10~20 歲　　20~30 歲　　30~40 歲　　40~50 歲　　50~60 歲　　■ 60~70 歲
GaiaX「主要社群媒體用戶數的數位資料」於 2020 年 3 月製作

例如，主要目標客群是 50 多歲男性，比起 Instagram 還是該選 Facebook！

透過 Messenger、個別回覆推文、LINE 客服等方法能夠與個別與用戶交流。由於有些社群媒體也能設定成其他人看不見的形式，因此選擇社群媒體時要留意這點。

都有可能！

Facebook · Twitter · LINE

促銷　　　　　　　客戶服務

11 在不同的社群網站建立一致的識別度

Twitter | Instagram | Facebook | TikTok | YouTube | LINE | Pinterest

當你在不同的社群媒體上都有帳號時,你必須讓用戶知道這些帳戶都代表你的公司,如果要做到這一點,你必須提供一些線索。

「**整合行銷傳播**」(以下稱 IMC)是一種用於廣告界的媒體策略,目的是希望在不同的媒體中傳播統一的形象。IMC 的目的之一,就是在任何媒體都對消費者傳達同樣的訊息。如果不同媒體上的商品形象不同,行銷就無法順利執行。IMC 可策略性統合在各媒體的行銷活動,避免商品形象產生偏差。

來自各種不同社群媒體路徑的例子

Facebook
在個人簡介處,貼上通往其他社群媒體帳號的連結。也能在發文時張貼連結。

電子報
雖然使用人數正逐漸減少,不過若有大量用戶,就需要放連結。介紹其他社群媒體帳號,引導用戶通往連結。如果順利,用戶也會轉用社群媒體。

Twitter
在個人檔案處,貼上通往其他社群媒體帳號的連結。也能在發文時張貼連結。

Pinterest
能夠對圖片貼上外部連結。

整合行銷傳播（IMC）的概念也適用於社群媒體的經營。傾全力在目標客群的社群媒體進行行銷活動時，其他輔助的社群媒體也有要注意的地方。舉例來說，如果你的行銷活動主要是以 Instagram 為主，當然在其他輔助的社群媒體應該針對客群不同而提供相對適合的內容，但必須維持商品形象的一致性。另外，應該提供連結，讓用戶可以輕易地從不同的社群媒體連結到你所經營的 IG，這麼一來，你所經營的 IG 就能成為商品導購的管道。在以 IG 為主的情況下，除了在自家網站上提供明顯的 IG 連結之外，在你所經營的其他社群媒體，也應該在個人檔案的部分，加上 IG 的連結。

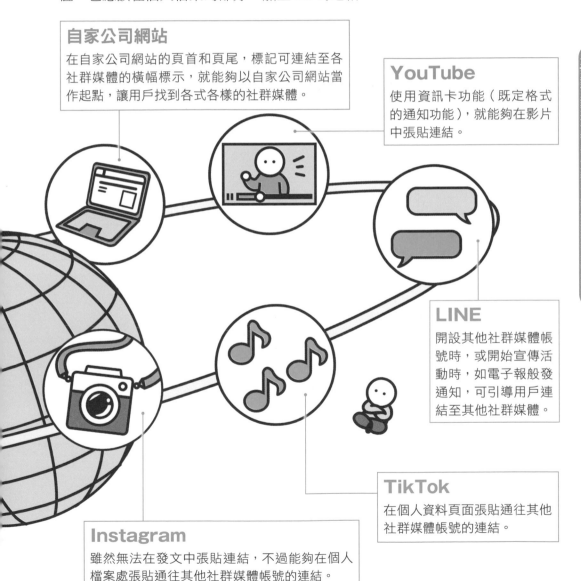

自家公司網站
在自家公司網站的頁首和頁尾，標記可連結至各社群媒體的橫幅標示，就能夠以自家公司網站當作起點，讓用戶找到各式各樣的社群媒體。

YouTube
使用資訊卡功能（既定格式的通知功能），就能夠在影片中張貼連結。

LINE
開設其他社群媒體帳號時，或開始宣傳活動時，如電子報般發通知，可引導用戶連結至其他社群媒體。

TikTok
在個人資料頁面張貼通往其他社群媒體帳號的連結。

Instagram
雖然無法在發文中張貼連結，不過能夠在個人檔案處張貼通往其他社群媒體帳號的連結。

Twitter Instagram Facebook TikTok YouTube LINE Pinterest

12 資訊分享的關係圖視覺化

社群媒體會將各種不同的人連結在一起。其中容易分享資訊的人際關係,有個人關係圖、社會關係圖、興趣關係圖。

社群媒體上的關係連結千絲萬縷。有些是現實生活中也認識的人,有些只是在社群媒體上有過互動。不過,主要的分享圈,大致上有三種類型,分別是「個人關係圖」、「社會關係圖」和「興趣關係圖」。這裡的「圖」,指的是社會科學領域「圖論」(graph theory)的用語,表示點與點之間的連結關係。

表示關聯性的三種圖

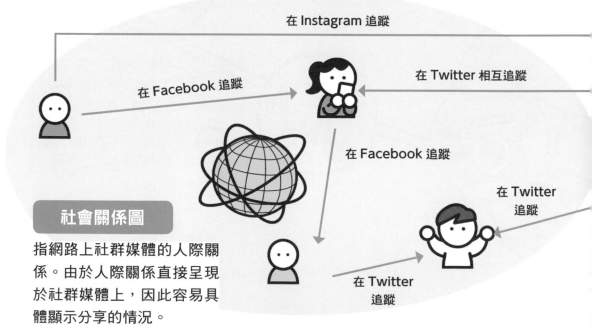

社會關係圖

指網路上社群媒體的人際關係。由於人際關係直接呈現於社群媒體上,因此容易具體顯示分享的情況。

個人關係圖，如字面上的意思，指個人的人際關係，包括朋友、戀人、家族等等，與商業或業務往來無關。在這種關係中，比較容易表現內心的真實想法。社會關係圖意指網路上的人際關係，社群媒體上的關係也包含在內。在社會關係圖中，容易將人際關係反映在網路上，其關聯性以分享的形式顯示。順道一提，在現實社會有直接關係的連繫稱為現實社會關係圖（real social graph），只在網路上有連繫的稱為虛擬社會關係圖（virtual social graph）。最後的興趣關係圖，則是指透過共同嗜好、興趣、價值觀所產生的人際關係。由於擁有共通的嗜好和興趣，可說是最容易導向消費行為的關係。

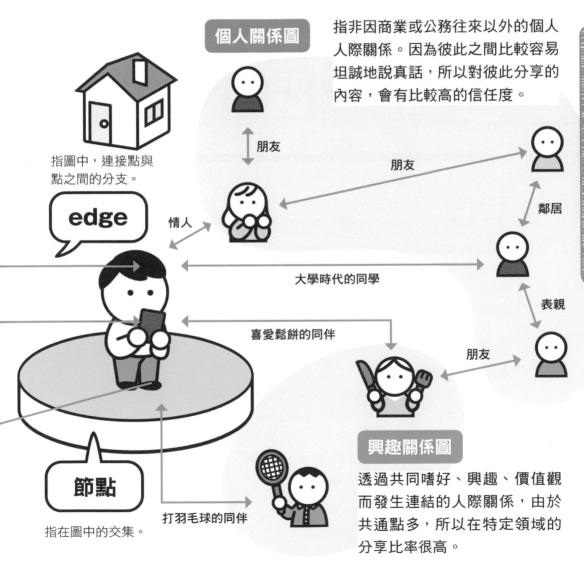

個人關係圖

指非因商業或公務往來以外的個人人際關係。因為彼此之間比較容易坦誠地說真話，所以對彼此分享的內容，會有比較高的信任度。

指圖中，連接點與點之間的分支。

edge

朋友

朋友

鄰居

情人

大學時代的同學

表親

喜愛鬆餅的同伴

朋友

節點

指在圖中的交集。

打羽毛球的同伴

興趣關係圖

透過共同嗜好、興趣、價值觀而發生連結的人際關係，由於共通點多，所以在特定領域的分享比率很高。

column

建議牢記的

社群行銷用語集 ③

☑ KEY WORD

人物誌 P63

指角色、人物特質的意思。在行銷中，思考自家商品的使用者是什麼樣的人，明訂使用者的人物誌。決定好性別、年齡、職業、興趣嗜好等，設定架空使用者的人物誌（persona），也有助於幫助團隊內建立共識。

☑ KEY WORD

KGI P68

KGI 為「Key Goal Indicator」的簡稱，是關於商業行為最終目標的概念。譯作關鍵目標指標，是判斷最終目標有多少達成率的基準。KGI 的指標通常是營業額、利潤、成交件數。

KPI   P68

KPI 為「Key Performance Indicator」的簡稱，譯作關鍵績效指標、重要經營指標。相對於 KGI 的最終目標，KPI 是中期目標的設定。透過達成多個 KPI，以達成目標的 KGI。

PDCA 循環   P76

可持續改善業務的技巧。反覆依順序進行業務中的 Plan（計畫）、Do（實踐）、Check（評估）、Action（改善），透過此循環，找出問題與修正作法，予以改善之後，達成目標。

互動率   P78

社群媒體上的互動率，指對於某篇發文按「讚」、點擊、分享等反應。互動率為用戶看到貼文之後，有發生互動的比例，可以看出用戶是否喜歡你的內容或者能否產生共鳴。

虛擬社會關係圖   P85

「社會關係圖」是用來描述人際關係的一個術語。衍伸至網路上的人際關係，則稱之為「虛擬社會關係圖」，這種關係純粹指網路上的交往，有別於現實生活。

Chapter 4

SNS marketing
mirudake note

追蹤人數的意義與
溝通的基本規則

進行社群行銷時,「追蹤者」是絕對無法忽視的指標。企業
在社群媒體上與追蹤者的關係,如果說是決定社群行銷能
否成功的最大關鍵也不為過。。

Twitter Instagram Facebook TikTok YouTube LINE Pinterest

01 不是「公司對許多人」，而是「許多人對許多人」

在傳統媒體中，都是由企業對大眾發布資訊；不過，在社群媒體中，所有人都可以對外發布資訊。

電視、廣播、報紙、雜誌之類的傳統媒體，發布資訊者與接收者，是「1 對 n」的關係（「n」表示不特定數量的人數），是由單方面發布資訊，由不特定多數的人們接收來自媒體的資訊。這種關係在社群媒體上已經改變了，用戶從媒體接收資訊，各自擴散資訊，而接收這些的用戶再擴散給其他人。用言語形容，就是「1 對 n 對 n」的關係。

企業 to 多數的資訊傳遞

跟你說～還有這東西！

只可遠觀公司

由企業發布的資訊，透過每一位追蹤者傳播擴散。
所以企業的追蹤人數很重要。

一般用戶活躍的發文，使「1對n對n」變化成「n對n」。此時重要的就是「**UGC**」（User Generated Content＝用戶生成內容）。正如其名，UGC是用戶產生的內容，意指用戶在社群媒體上發表的文字、圖像，及電子商務網站購買者的留言。UGC在廣告界備受重視，蘋果也在iPhone廣告上採用消費者拍攝的照片。UGC備受矚目的原因，在於企業就算推崇自家公司的商品，消費者也不見得會輕易買單。UGC代表消費者使用商品的真實情況，能讓消費者自然而然接納，資訊便能夠以n對n的形式自然而然地廣泛傳播出去。

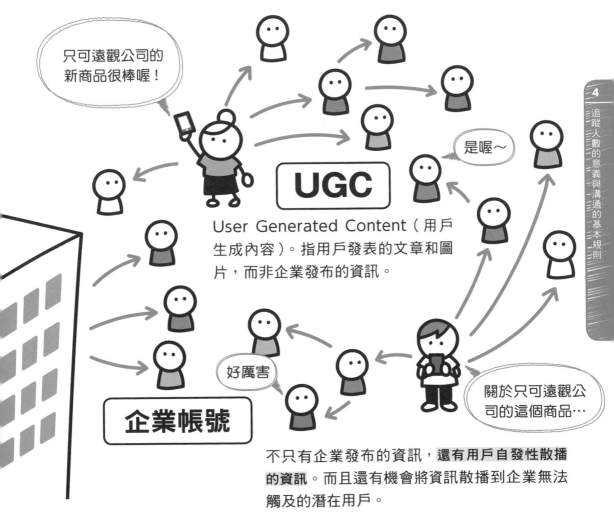

多數對多數的資訊傳遞

只可遠觀公司的新商品很棒喔！

是喔～

UGC

User Generated Content（用戶生成內容）。指用戶發表的文章和圖片，而非企業發布的資訊。

好厲害

企業帳號

關於只可遠觀公司的這個商品…

不只有企業發布的資訊，還有用戶自發性散播的資訊。而且還有機會將資訊散播到企業無法觸及的潛在用戶。

Twitter Instagram Facebook TikTok YouTube LINE Pinterest

02 增加追蹤人數的 四大代表方法

為了讓自家公司的資訊在社群媒體上更廣泛擴散，必須增加追蹤人數。本節介紹可增加追蹤人數的主要四種方法。

經營社群媒體帳號，若追蹤人數為 0，資訊是無法擴散的。數位行銷公司 OPT 的調查清楚顯示，Twitter 上的追蹤人數越多，隨之帶來的轉推數也會增加，資訊將更能廣泛傳播。所以要做好社群行銷，增加追蹤人數是首要之務。以下有四種增加追蹤人數的代表性方法。第一種是**公司宣傳**。可以利用的資源包括企業宣傳贈品、官方網站、電子報、公司刊物。

增加追蹤人數

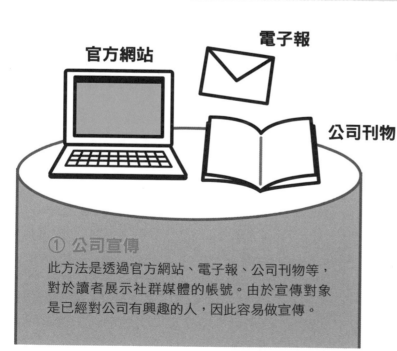

官方網站

電子報

公司刊物

轉推就會送禮！

① 公司宣傳
此方法是透過官方網站、電子報、公司刊物等，對於讀者展示社群媒體的帳號。由於宣傳對象是已經對公司有興趣的人，因此容易做宣傳。

② 促銷宣傳

第二種方法就是**促銷宣傳**。「追蹤企業和品牌的官方帳號，轉推發文就可參加抽獎，獲得贈品」，就是促銷宣傳的一種例子。但一定要遵守社群媒體的宣傳守則，謹慎運用。第三種方法是**社群廣告**。前述第一種活用自家公司資源的推銷，適合針對已經瞭解自家公司品牌和商品的人，不過這種推銷手法適合用在不瞭解自家公司的人。這種宣傳的目的（參考第 168 頁），是增加粉絲和發文的觸及率。第四種方法，則是採用目標客群支持的**網紅**，讓網紅介紹商品，以增加追蹤數。

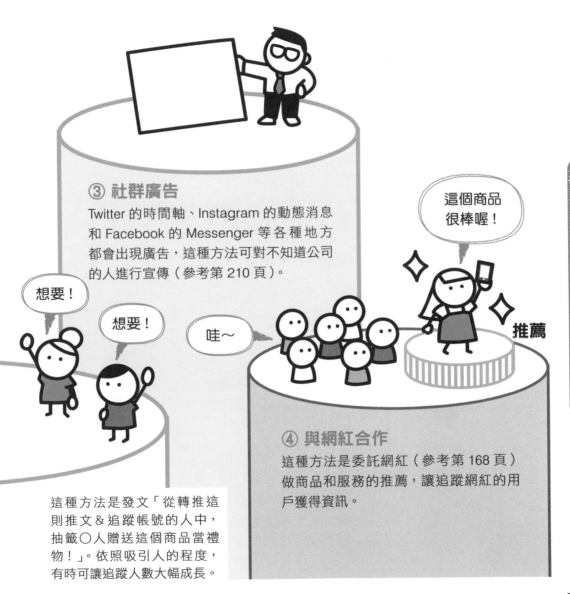

③ 社群廣告

Twitter 的時間軸、Instagram 的動態消息和 Facebook 的 Messenger 等各種地方都會出現廣告，這種方法可對不知道公司的人進行宣傳（參考第 210 頁）。

想要！

想要！

哇～

這個商品很棒喔！

推薦

④ 與網紅合作

這種方法是委託網紅（參考第 168 頁）做商品和服務的推薦，讓追蹤網紅的用戶獲得資訊。

這種方法是發文「從轉推這則推文＆追蹤帳號的人中，抽籤○人贈送這個商品當禮物！」。依照吸引人的程度，有時可讓追蹤人數大幅成長。

03

Twitter Instagram Facebook TikTok YouTube LINE Pinterest

比增加追蹤人數
更重要的事

追蹤人數越多越好…其實並不是這樣。要讓可能成為自家公司品牌
與自家公司商品粉絲的人追蹤。

雖然增加社群媒體的追蹤人數很重要,不過具有許多追蹤人數,不表示能對社
群行銷有直接貢獻。「追蹤人數越多越好」,是社群行銷常有的迷思。進行社群
行銷時,增加自家公司帳號追蹤者的目的,在於「不僅對現在自家公司商品的
粉絲,也要對將來有可能成為粉絲的社群媒體用戶推薦自己」。若不可能成為粉
絲,讓他追蹤也沒有意義。

當增加追蹤人數這件事變成目的…

首先必須想盡辦法
增加追蹤人數!

追蹤人數明明增加
很多,為什麼大家
都不分享…

社群行銷的作法不只是管理帳號而已,
還很容易被視為增加追蹤人數,讓那些人
發布從企業接收到的資訊。

光是增加增加追蹤人數，社群行銷不會產生更好的成果。必須重視的不是**追蹤的「量」**，而是「質」。那麼，**「質」優良的追蹤者**到底是什麼樣的人呢？在社群行銷中「質」優良的追蹤者，是指會回應（**互動**）自家公司帳號文章的追蹤者。就算有許多追蹤人數，若對發表的文章按「讚」或留言越少，代表對自家公司商品和品牌感同身受的追蹤者較少。對商品和品牌有興趣、有可能購買商品的追蹤者，才是「質」優良的追蹤者，必須想辦法吸引到這些人的追蹤。

若重視與用戶之間的關係

雖然追蹤人數很重要，不過也要重視與用戶之間的關係

宣傳

發文　　支持

由於追蹤的人都是公司的粉絲，會幫忙分享文章，也會發布 UGC！

重視與潛在用戶之間的關係，可促進對潛在用戶推薦所發生的分享和 UGC。透過這個情況，追蹤人數將會增加，也能夠達到宣傳和集客的效果。

Twitter Instagram Facebook TikTok YouTube LINE Pinterest

04 社群時代的消費者行為模式「AISARE」

行為模式可以幫助我們理解消費者如何採取行動。最新版本的行為模式 AISAS，可以幫助你了解社群時代的消費者行為模式。

理解消費者行為的規律，有助於施行更加精準的行銷。傳統的行銷，以 **AIDMA** 這種概念分析消費者的行動流程。這種行動流程是 Attention（關注）→ Interest（產生興趣）→ Desire（欲望）→ Memory（記憶）→ Action（行動）。而網路普及後出現的 **AISAS** 這種概念，流程是 Attention（關注）→ Interest（產生興趣）→ Search（搜尋）→ Action（行動）→ Share（分享）。

AISARE 的流程

關注「這是什麼？」

對關注的事物產生興趣。

更進一步查詢商品。

AISAS 雖然具有搜尋與分享的要素，不過要掌握社群時代消費者的行動並不足夠。此時出現新的概念 **AISARE**。這是網路行銷顧問押切孝雄在 2008 年出版的書籍《1 時間でわかる実践！グーグルマーケティング》（一小時學會 Google 行銷術）中提倡的概念，到 Attention（關注）→ Interest（產生興趣）→ Search（搜尋）→ Action（行動）的階段都和前述的 AISAS 一樣，不過接著展開 Repeat（重複＝反覆購買）→ Evangelist（傳教＝對其他人推廣）。成為該商品、品牌粉絲的消費者會持續性購買，而且會將其魅力告訴身邊的人。透過 AISARE，是否理解了被商品、品牌所吸引的消費者的行動呢？

「R」與「E」的過程很重要

因為突然爆紅（參考第 143 頁）而造成一陣熱潮的情況不算在內。重複購買才能創造長銷商品，推出系列商品維持熱度也是一個方法。

指 Twitter 的轉推，和 Facebook 的分享，這類由用戶自發性產生的內容，就是 UGC（參考第 91 頁）。

Action

購買查詢的商品。

Repeat

喜愛這件商品，再度購買。

Evangelist

向其他人介紹這件商品的優點。

Twitter | Instagram | Facebook | TikTok | YouTube | LINE | Pinterest

05 運用品牌大使與 UGC 來促銷

邀請喜歡該項商品、品牌的人擔任品牌大使。品牌大使在社群媒體帶起的口碑聲量，可以讓產品的聲譽更加擴散。

品牌大使的文章也是一種UGC

最近出現企業親自培育積極發佈口碑的品牌大使的企劃。

發文
讓品牌大使體驗，在各社群上發佈新商品資訊和活動的樣子。

招募
企業招募想成為品牌大使的人。

體驗
舉辦活動增加對商品的理解，製造機會與品牌大使相互交流，加強喜愛程度。

新商品不錯呢

增加商品或品牌的粉絲數量最有效的方法之一，就是採用**品牌大使**（ambassador）。「品牌大使」在行銷上的定義是「對某項商品或品牌有熱情、會積極進行推廣的用戶」。角色與「網紅」有些類似。不過，網紅大多是藝人、知名人物等高知名度、對社會影響力強大的人物，而品牌大使則需要主動、自發性地進行宣傳，因此必須「對某項商品或品牌有熱情」。

因此，社群行銷上的品牌大使不一定要是知名人物。在社群媒體上招募，找來透過問卷回答「想對周圍的人推薦商品」的人，讓這些召集到的人們成為品牌大使，也是個好方法。接近用戶立場的品牌大使在社群媒體上的發文就是一種**UGC**（參考第 91 頁），優勢是比起企業帳號的發文更容易讓人感同身受。定期舉辦只限品牌大使參加的活動，製造機會和品牌大使之間做交流，經常提升品牌大使對於商品、品牌的忠誠度也很重要。

Twitter Instagram Facebook TikTok YouTube LINE Pinterest

06 提升用戶好感度的基本功

為了讓用戶分享、擴散文章，發文內容必須投其所好。因此必須注意以下重點。

如果用戶不喜歡你的貼文，資訊就沒有機會散播出去。所以，你的貼文一定要投其所好。除了恰到好處的字數之外，適合目標受眾的寫作風格也很重要。發文不能只有文字，有圖片才容易獲得按讚的回應。圖文並茂的貼文，不僅容易吸引注意力，也能讓人更容易理解貼文的內容。

提升好感度需要注意的四大要點

為了提升用戶的好感度，需要思考
表達的方法，有四個重點。

考慮用戶的年齡層

例如，用 TikTok 對 50 多歲的男性作推薦，無法提升多大的好感度。必須選擇使用最能夠觸及目標的社群媒體。

企業單方面發佈資訊的文章，無法獲得用戶的支持。而加入猜謎或問卷等要素的發文，增加與用戶的互動機會，比較容易提升好感度。可由社群小編與用戶積極交流，讓對方產生親近感。只要提升好感度，用戶就容易分享發文。由於有資料顯示被分享的文章比廣告更讓人信任，因此獲得用戶的青睞非常重要。不過必須格外注意，文章看起來不要像廣告或宣傳。讓用戶覺得「感覺好像廣告或宣傳」的貼文，是不會有吸引力的。

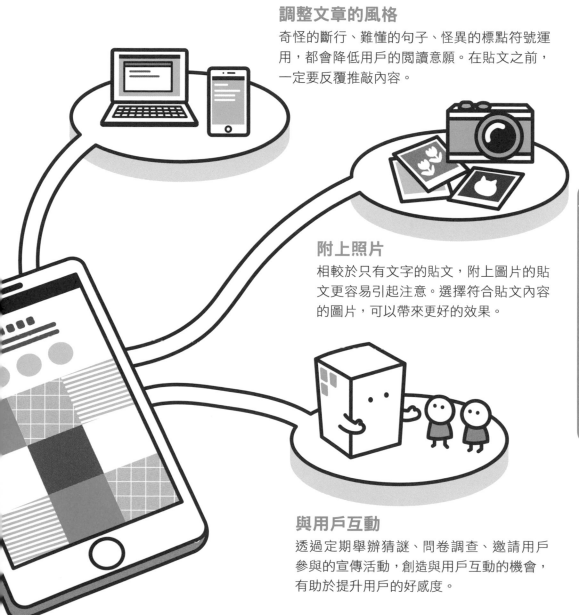

調整文章的風格
奇怪的斷行、難懂的句子、怪異的標點符號運用，都會降低用戶的閱讀意願。在貼文之前，一定要反覆推敲內容。

附上照片
相較於只有文字的貼文，附上圖片的貼文更容易引起注意。選擇符合貼文內容的圖片，可以帶來更好的效果。

與用戶互動
透過定期舉辦猜謎、問卷調查、邀請用戶參與的宣傳活動，創造與用戶互動的機會，有助於提升用戶的好感度。

`Twitter` `Instagram` `Facebook` `TikTok` `YouTube` `LINE` `Pinterest`

07 如何增加「按讚」、「追蹤人數」、「轉推」?

為了經營自家公司帳號,讓行銷成功,必須增加追蹤者,讓人願意按「讚」和轉推。

為了在社群行銷上展現成果,必須增加追蹤者。而如同在第 94 ～ 95 頁介紹的,那些追蹤者必須回應按「**讚**」和**轉推**以增加追蹤者的方法,有「追蹤其他的追蹤者」。不過,胡亂追蹤對行銷並沒有幫助。請看清追蹤者的「質」,讓對商品和品牌有興趣的用戶追蹤自己(參考第 94 頁)。

按讚、追蹤、分享增加的好處

雖然這一頁拿 Twitter 當作例子,不過 Facebook 和 Instagram 同樣也有追蹤、按讚等功能,行銷的操作方式是一樣的。

增加追蹤者!

增加帳號的訂閱人數
追蹤者就是為了閱讀推文,而追蹤其帳號的人。這種追蹤者的人數越多,就有更多的機會傳達給其他用戶。

要增加按「讚」與轉推最好的方法，也許會想到的是增加追蹤者，但其實是提升文章品質。只要寫出品質好的文章讓用戶感同身受，按「讚」與轉推數通常也會增加。請務必參考在第 100 ~ 101 頁介紹的，讓用戶興起好感度的方法。

除了提升文章品質以外，增加按「讚」與轉推的方法，還有回應對自家公司帳號的推文按「讚」和轉推的用戶。若以道謝回文的形式與用戶交流的話，用戶對這家公司帳號的好感度會更加提升，讓他更加願意對下一次的貼文按「讚」和轉推。

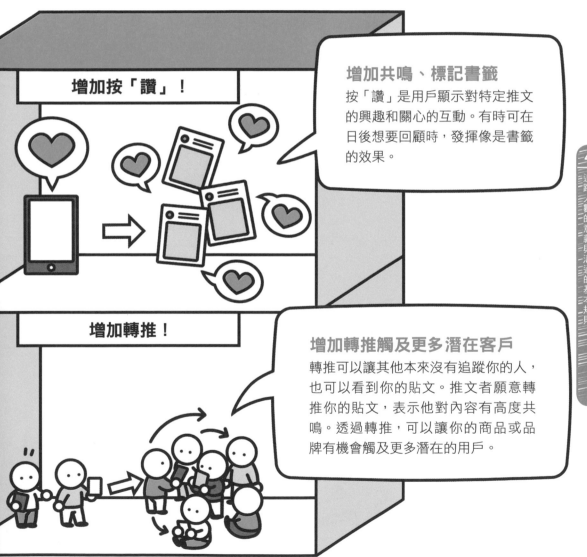

增加按「讚」！

增加共鳴、標記書籤

按「讚」是用戶顯示對特定推文的興趣和關心的互動。有時可在日後想要回顧時，發揮像是書籤的效果。

增加轉推！

增加轉推觸及更多潛在客戶

轉推可以讓其他本來沒有追蹤你的人，也可以看到你的貼文。推文者願意轉推你的貼文，表示他對內容有高度共鳴。透過轉推，可以讓你的商品或品牌有機會觸及更多潛在的用戶。

08

`Twitter` `Instagram` `Facebook` `TikTok` `YouTube` `LINE` `Pinterest`

勤於互動可以增加用戶的忠誠度

積極與用戶互動，是增加粉絲人數的不二法門，與用戶互動的方法有很多。

如果只是單方面發佈資訊，就跟傳統媒體一樣，那麼使用社群媒體就沒有意義了。若能與用戶積極交流，讓人對自家公司商品和品牌產生親近感和好感，用戶成為粉絲的可能性也會增加。交流的方法有「回應用戶」，如果是 Twitter，則可「與轉推的用戶交流」、「將用戶的推文**引用轉推**」。轉推時，請注意用戶對企業是否心懷惡意。

各種與用戶交流的方法

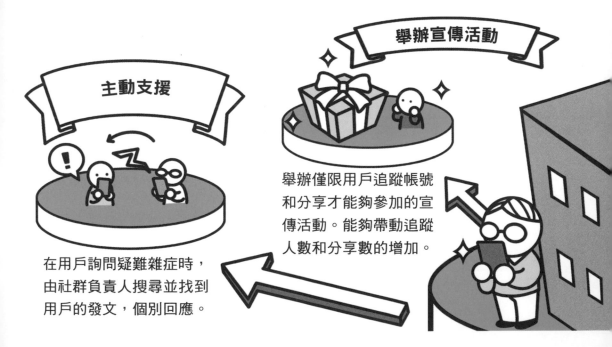

主動支援

在用戶詢問疑難雜症時，由社群負責人搜尋並找到用戶的發文，個別回應。

舉辦宣傳活動

舉辦僅限用戶追蹤帳號和分享才能夠參加的宣傳活動。能夠帶動追蹤人數和分享數的增加。

在第 67 頁提到過，社群媒體上的**客戶服務**，也是交流的方法之一。如果社群媒體上有用戶發文提出對商品和服務的疑問，也可以主動聯繫處理。這種情況下，如果能夠妥善處理用戶的不滿，就能夠消弭負面印象。如果想要討好用戶，可嘗試抽籤送小禮物的宣傳活動。送禮活動是增加粉絲最有效的方法。但是，不要用現金或禮卷這種誰都會想要的贈品，請選擇自家商品和品牌粉絲會特別喜歡的禮物。這麼一來，才能夠獲得「質」優良的新粉絲。

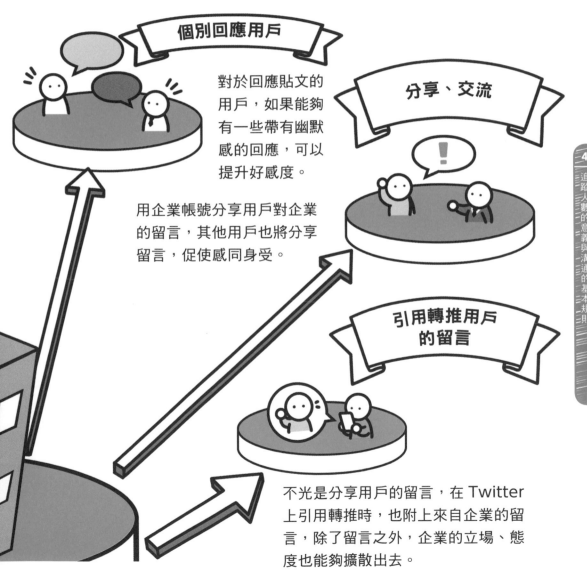

個別回應用戶

對於回應貼文的用戶，如果能夠有一些帶有幽默感的回應，可以提升好感度。

用企業帳號分享用戶對企業的留言，其他用戶也將分享留言，促使感同身受。

分享、交流

引用轉推用戶的留言

不光是分享用戶的留言，在 Twitter 上引用轉推時，也附上來自企業的留言，除了留言之外，企業的立場、態度也能夠擴散出去。

4 追蹤人數的意義與溝通的基本規則

105

Twitter Instagram Facebook TikTok YouTube LINE Pinterest

09 營造親切的「小編」 形象角色

經營帳號，進行發文的負責人＝「小編」。該怎麼做，才能成為企業帳號的人氣小編呢？

經營社群媒體帳號，實際負責發文的人常被稱為「**小編**」。在企業的官方帳號，有些小編是以形象鮮明，經常發表有趣的貼文而獲得人氣。例如健康測量儀器的 TANITA、夏普家電的小編就是很好的例子。也有描繪形象角色「Ponta」溫馨的日常，Ponta 點數（羅森便利商店等共通點數）帳號的這種模式（譯註：得易 Ponta 日本卡的形象角色就是 Ponta）。

角色誕生之前

明訂運用目的和種類

並不是設定一個角色就萬事 OK。由於符合不同目的的形象並不同，作為事先準備，首先要明訂帳號基本的運用目的。另外，一開始就要決定好發文的種類，例如是要介紹商品還是提供資訊之類的。

要設定說話語氣嗎？

品牌管理？

促銷？

交流？

成為人氣小編的第一步，首先是明訂帳號的**運用目的**。要弄清楚目的，是要促銷商品，或提升品牌知名度。其目的會讓發文內容改變，合適的帳號人物誌也會不同。下一個決定的，就是帳號裡小編的角色設定。仔細塑造角色，也要確定文章語氣是正經八百的「我是○○」，還是生動活潑的「人家是○○喲☆」。而且發文時附上圖片的效果更好，因此也要訂定放置圖片風格的標準。由於更新頻率也是帳號的特色，事前就決定好是經常發文還是在決定的時間發文。

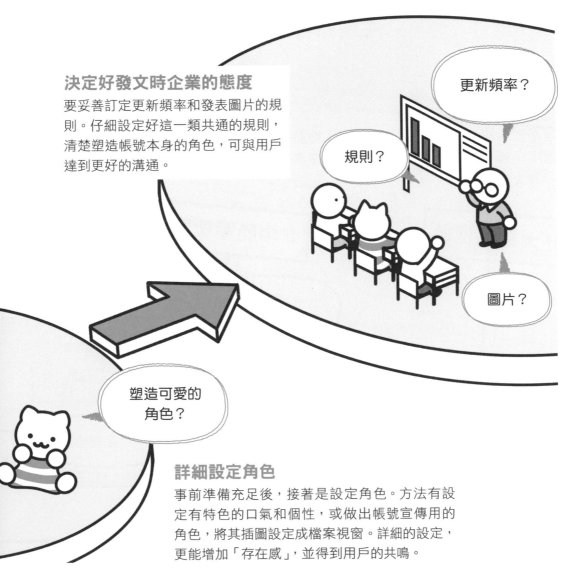

決定好發文時企業的態度

要妥善訂定更新頻率和發表圖片的規則。仔細設定好這一類共通的規則，清楚塑造帳號本身的角色，可與用戶達到更好的溝通。

詳細設定角色

事前準備充足後，接著是設定角色。方法有設定有特色的口氣和個性，或做出帳號宣傳用的角色，將其插圖設定成檔案視窗。詳細的設定，更能增加「存在感」，並得到用戶的共鳴。

Twitter Instagram Facebook TikTok YouTube LINE Pinterest

10 用主題標籤產生連繫，即時擴散資訊

主題標籤始於 Instagram ，在社群媒體上受到廣泛使用。有助於資訊的擴散，及提升自家公司品牌的認知度。

主題標籤的種類

大家都知道的流行語、關鍵字，或者是商品類別、發文的分類等等。

貼文照片上的產品名稱、地點、店名等等，比大範圍標籤的內容明確，數量比較少。

「○○社」同樣是找同好時經常用到的標籤。

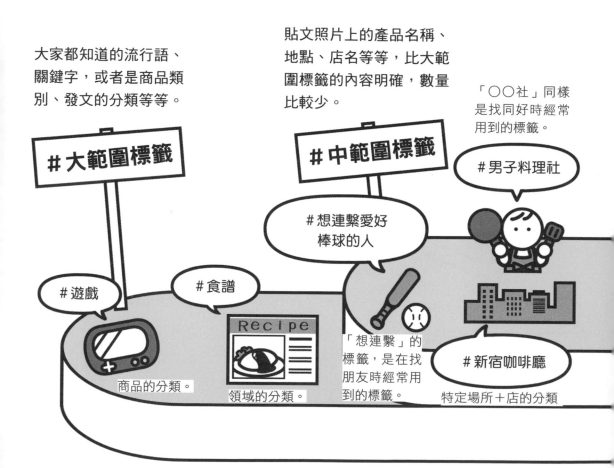

#大範圍標籤

#中範圍標籤

#男子料理社

#想連繫愛好棒球的人

#遊戲

#食譜

Recipe

#新宿咖啡廳

商品的分類。

領域的分類。

「想連繫」的標籤，是在找朋友時經常用到的標籤。

特定場所＋店的分類

主題標籤是對於某個關鍵字標上「＃」的標記，讓人更容易搜尋與其關鍵字有關的文章。當某件事在社群媒體上流行時，與該事件相關的關鍵字主題標籤發文就會暴增，可以明顯看出流行的熱度。主題標籤最早用於 Twitter，但是開始成為流行是由 Instgram 用戶帶動的，IG 本身的擴散力低，但如果能夠活用主題標籤，就有將內容擴散到粉絲圈之外的可能性。

如果關於自家公司品牌和商品的主題標籤的發文增加，更有機會吸引許多用戶的目光，資訊也更容易擴散。使用人氣網紅正在用的主題標籤發文，也是有效運用主題標籤的方法之一。例如，「＃春裝穿搭」成為時尚話題的話，和「＃春裝穿搭」一起標上主題標籤「＃○○（自家公司品牌）」發文，就能夠提升自家公司品牌的曝光度。不過，使用人氣主題標籤也並非最佳的方法。由於人氣主題標籤競爭的發文量大，相對會有發文容易被埋沒的缺點，因此必須以用戶搜尋的角度，選擇最適當的主題標籤。

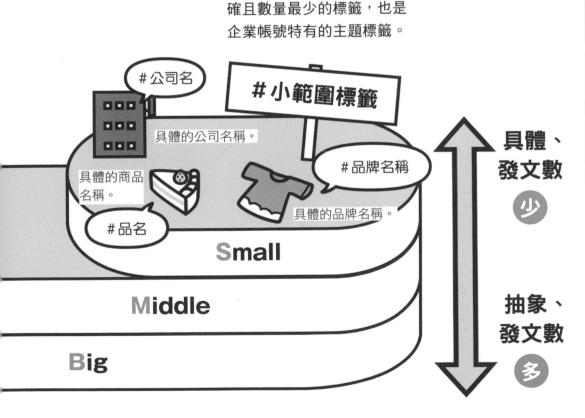

公司名或品牌名等，是最明確且數量最少的標籤，也是企業帳號特有的主題標籤。

＃公司名

＃小範圍標籤

具體的公司名稱。

＃品牌名稱

具體的商品名稱。

具體的品牌名稱。

＃品名

Small

Middle

Big

具體、發文數 少

抽象、發文數 多

Twitter | Instagram | Facebook | TikTok | YouTube | LINE | Pinterest

透過聊天提升服務滿意度

善加運用 LINE 所提供的功能，就能做到 24 小時自動回覆顧客的詢問，甚至是回答個別客戶的疑難雜症。

社群媒體也可以用來做**客戶服務**。LINE 提供了一些可以應用於客戶服務的功能，其中之一就是**自動回應訊息**的功能。自動回應訊息能夠在收到訊息時，利用已預先設定好的訊息自動回應，24 小時處理來自顧客的詢問。將常見的問題設為關鍵字，可以用來做簡單的 FAQ 與導覽。而且，自動回應訊息是免費的，使用時不需要擔心會有額外的費用。

用自動回應訊息服務用戶

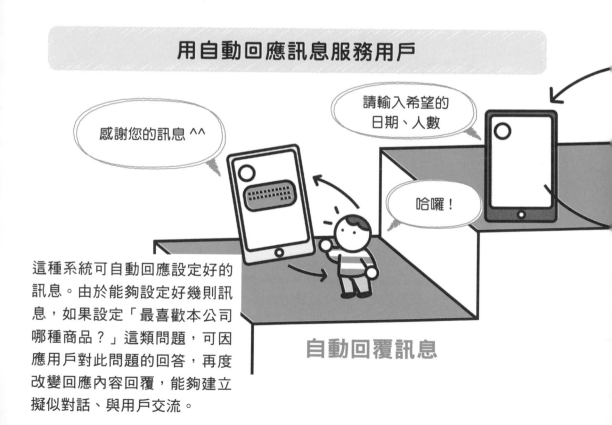

感謝您的訊息 ^^

請輸入希望的日期、人數

哈囉！

這種系統可自動回應設定好的訊息。由於能夠設定好幾則訊息，如果設定「最喜歡本公司哪種商品？」這類問題，可因應用戶對此問題的回答，再度改變回應內容回覆，能夠建立擬似對話、與用戶交流。

自動回覆訊息

聊天機器人是更先進的客服方式。簡單的問題可以由 AI 機器人自動處理，遇到 AI 機器人無法處理的問題，可以自動轉交真人窗口接手處理，使用上會比自動回應訊息更有彈性，這些自動化功能可以縮減人事費用，對商家而言極具吸引力。運用 **Messaging API**，還可以與供應商的系統連結。例如，日本的黑貓宅急便可以針對客戶的詢問回覆配送狀況，不過這種服務的設計需要專業的軟體開發知識。

聊天機器人

基本的對話是由 AI 自動判斷如何回應，遇到 AI 無法判斷的狀況會自動轉交真人窗口處理，自動回應與真人回覆可以視情況做切換。

Messaging API

透過 Messaging API 能夠客製化各種基本功能無法辦到的事情。以上述提到的黑貓宅急便為例，只要你的黑貓帳號與 LINE 帳號連結，就能接收到包裹的遞件通知，或是輸入出貨單號查詢配送狀態。

Twitter | Instagram | Facebook | TikTok | YouTube | LINE | Pinterest

12 最佳發文的頻率與時間？

如果在用戶沒有看到的時段發文，就無法得到行銷的成效。選擇適當的時間發文吧！

最佳發文時間？

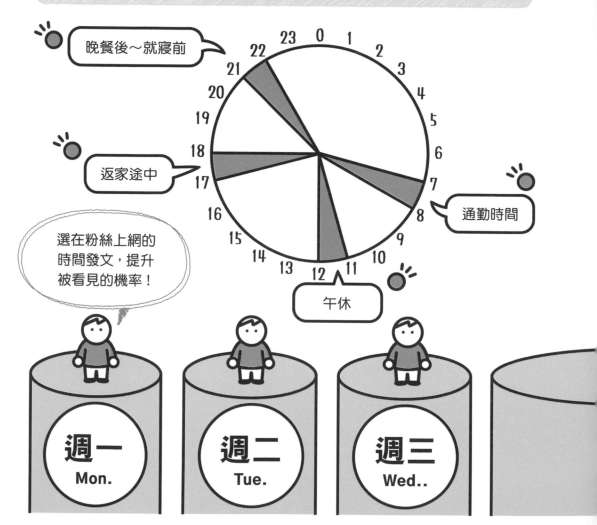

雖然用社群媒體 24 小時都可以發文，不過最好避開用戶上網時間較少的時段。建議的發文時間，是通勤時間（7～8 點）、午餐時間（11～12 點）、返家途中（17～18 點）、傍晚～就寢前（21～22 點）。其中一般認為最佳的時段是 21 點左右，不過依業種和商品，最佳時段也有所不同。例如，餐飲業選在用戶空腹的午餐、晚餐時段，成功攬客的機率就會更高一些。

關於發文的日子，最好避開發文量較多的天數。由於週五到週日都會舉辦許多活動，發文也很多，文章一下子就會被埋沒。因此，最好避免在週末發文。如果遇到「必須在這個時候發文不可」的情況，請活用**預約發文功能**。關於發文的頻率也很重要，雖然每一種社群媒體上合適的發文頻率都不同，如果是 Facebook，每週大概 1～2 次左右即可。Instagram 一般發文是兩天 1 次，限時動態建議是每天 1 次以上。與 Facebook 和 Instagram 相比，Twitter 資訊提供的速度快，可以設定每日發文 5 次以上的目標。而 LINE 的訊息發佈，為了避免被封鎖，建議每週 1 次即可。

用預約發文，在最佳的時間發文！

由於週五晚上～週末一般人發文的次數也會增加，因此就算企業發文也很容易被埋沒…

週四 Thu.

週五 週五

週六 Sat.

週日 Sun.

Twitter | Instagram | Facebook | TikTok | YouTube | LINE | Pinterest

持續定期發文

為了維持穩定的發文頻率,而不是想到才發,最好能夠有個時程規畫表,按部就班地準備要張貼的文章與圖片。

想要在社群媒體上提升品牌與產品的知名度,就必須持續不斷地發文,貼文被看到的次數越多,用戶就越了解你的品牌與產品。隨機發文不會有效果,必須要**定期發文**,像是「星期○與星期▲一定會發文」。在準備經營社群媒體前,也要擬定**發文時程表**。而不是隨興的「想到貼文的點子才發」,請務必遵循時程表發文。

用 Excel 和 Google Spreadsheet 製作發文行程表

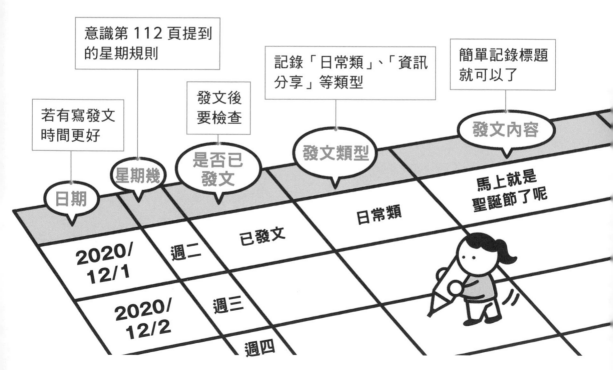

若有寫發文
時間更好

意識第 112 頁提到
的星期規則

發文後
要檢查

記錄「日常類」、「資訊
分享」等類型

簡單記錄標題
就可以了

日期	星期幾	是否已發文	發文類型	發文內容
			日常類	馬上就是聖誕節了呢
2020/12/1	週二	已發文	日常類	
2020/12/2	週三			
	週四			

可用 Excel、Google 試算表、Trello 等工具管理貼文時程。這些管理工具可記錄發表日期、發表內容。如果是由外部人員經營帳號，可以用共享的方式，使用前述的工具管理時程。以月為單位制定發文時程。最好能夠在前一個月底就準備好發表的文章和圖片。當然，有時也要因應突發的狀況修改發文內容，像是預定發文的活動延期或調整，則依當時情況變更時程。以 Instagram 來說，如果有突發事件，需要臨時貼文，可以運用限時動態的功能。

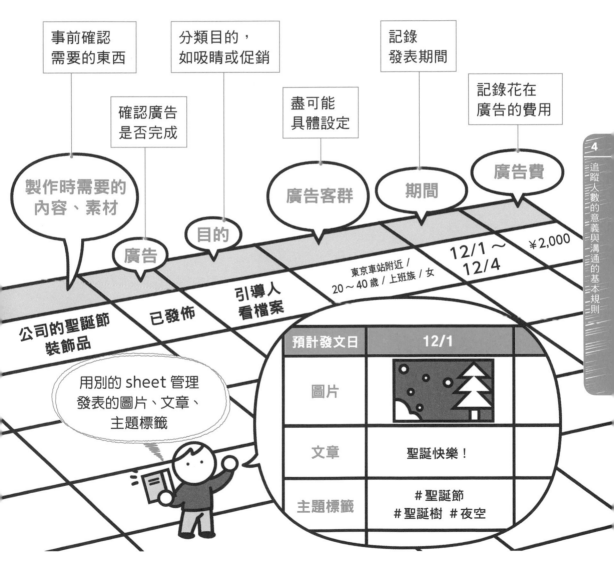

115

Twitter Instagram Facebook TikTok YouTube **LINE** Pinterest

14 用 QR code、贈品、廣告增加用戶

可以運用促銷手法搭配 QR Code 引導用戶加入你的帳號,但這種作法有時候反而會有導致用戶封鎖你的風險。

QR code 可以直接讓人加你帳號。例如想將用戶引導至 LINE 的自家帳號,或是為了讓用戶在造訪實體店鋪時登錄帳號,在商店內放置有 QR code 的告示或張貼海報是個好方法。若附有提供折價等服務,登錄率就會增加。放在可以一個人悠哉獨處的廁所,和習慣拿出手機的櫃台附近效果也很好。可能的話,在免費刊物、傳單、報紙廣告等處也都可以刊登 QR code。

增加用戶的方法

附上加入好友贈禮

利用客人來店時的大好機會,如果店員利用折價卷和折扣做為誘因的話,客人加你帳號的機會就會大增。

四處張貼QR Code

由於用智慧型手機的鏡頭一照便可簡單做登錄,可放在容易被用戶注意到的各種地方。

商店卡片

桌上的廣告

海報

雖然爭取客人加你帳號要盡力而為，但也要注意不要引起反感而招致**封鎖**。如果東西賣不出去就沒有行銷的意義了。推銷的味道太過強烈，會給人一種壓迫感，被封鎖的機會將會增加。

LINE 的**推播通知**功能，可以將訊息顯示在手機的主要頁面。雖然這種功能，不用打開 App 就能夠顯示訊息，但如果在深夜、一大早發訊息，或太密集發訊息，很容易遭到用戶封鎖，因此要特別注意。

使用LINE官方帳號
官方帳號的功能比一般帳號多，而且客人還能透過搜尋找到你的帳號。

活用貼文串
LINE 也有類似時間軸設計的貼文串，只要用戶分享，文章就會被分享到其朋友的貼文串。

透過其他社群媒體引導
在 Twitter 和 Facebook 等其他的社群媒體上發佈 LINE 的官方帳號。入口越多，越能吸引到用戶的目光。

15 利用贈品吸引加入追蹤

贈品宣傳是快速提升品牌與商品知名度的方法，但一定要遵守社群媒體的規定，並謹記用戶具有決定權的原則。

在社群媒體上實施**促銷宣傳**的成效非常好。由於準備了吸引人的禮物，設定參加條件是「追蹤帳號」、「對文章按『讚』」、「用指定的主題標籤發文」，因此進行宣傳活動的企業就可得到期望的互動（反應）。如第 105 頁說明的，並非準備大家都會喜歡的普通禮物，而是準備自家品牌、商品粉絲的客群會開心的禮物，較可能招集到「質」優良的追蹤者。

非用戶主體的宣傳活動

雖然想要禮物…

宣傳

擴散 ╳

擴散 ╳

擴散 ╳

用戶

太明顯啦…

➡️ **單方面的宣傳也有可能反而讓用戶反感**

進行宣傳活動時需要注意的，是必須遵從各社群媒體的規定。例如在 Twitter 上禁止「建立好幾個帳號參加抽獎活動」、「反覆發表同樣內容的推文」，而在 Facebook 上則禁止將以下情況設為參加活動的條件，如「在時間軸上分享、推廣參加的活動」、「分享至好友的時間軸，可獲得更多抽獎名額」、「發文標註朋友，參加活動」。同時，不可以忘記宣傳活動時要站在用戶的立場。請意識到，用戶喜歡透過報名參加企劃、成為主角的宣傳活動。

已用戶為主的宣傳活動

用戶參加型的宣傳活動較容易
被接受、擴散出去

Twitter | Instagram | Facebook | **TikTok** | YouTube | LINE | Pinterest

16 透過用戶的留言促進集客

TikTok 是以年輕人為主的短片分享社群平台。由於許多人愛看,因此只要妥善運用,也能幫助集客和促銷。

TikTok 是能夠發表 15 秒到 1 分鐘左右的短片,分享影片的服務平台。除了觀看與發表影片,也是一種與世界連結的社群平台。TikTok 在年輕族群中有莫大的人氣,現已成為商務人士不可忽視的存在,在商業上有許多的可能性。其中之一就是當作**集客平台**的成效。活用 TikTok,製作吸引人的機制,能夠帶動促銷和集客。

TikTok的用戶發表

企業的主題設定

企業訂定主題,招募影片。發表和季節、活動有關的各種不同主題,用戶較不會厭倦,也較願意參加。同時,將自家公司和商品設為主題,也能夠達到宣傳的效果。

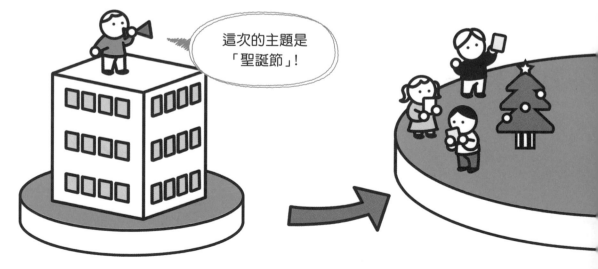

這次的主題是「聖誕節」!

在第 91 頁介紹過對消費者展示用戶製作內容的 UGC，也能夠幫助行銷，TikTok 更是 UGC 的寶庫。企業可以在 TikTok 上，舉辦招募指定主題影片的宣傳活動，也可以招募主要以自家公司品牌、商品為主的影片。關於招募的主題和報名的細節，可寫在公司網站上，也可以在 Twitter 和 Instagram 等其他的社群媒體上招募影片，讓更多人知道這項宣傳活動。如果在宣傳募集的影片上附加多個主題標籤，並包含可能成為話題的關鍵字和自家公司品牌、商品的名稱，那麼就能增加品牌和商品的知名度。

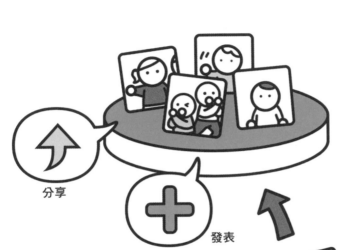

活動擴散，許多影片發表

藉由活動的擴散發表影片，而藉由影片的發表可讓活動更加擴散。同時，也在企業網站和其他社群媒體上宣傳這個活動，用主題標籤引導的話，也能夠更加廣為人知。

分享

發表

用戶拍攝影片

用戶依據主題拍攝影片。好處是企業再度設定主題，用戶方面也能更容易拍攝影片，發表數也能隨之增加。

其他用戶看到發表的影片後也會參加

如果其他用戶看到發表的影片後覺得「有趣」，則該用戶拍攝影片、參加活動的可能性也會提高。

Twitter | Instagram | Facebook | TikTok | YouTube | LINE | Pinterest

17 不要張貼讓人感到反感的貼文

社群行銷重要的是獲得用戶的共鳴和好感，必須避免發表會讓人反感的文章。

由於社群上頭的資訊擴散速度快速，負面風評也同樣地一發不可收拾。因此，一定要避免會**讓人反感的文章**。絕對不可以發表容易招致反感的貼文類型，像是毀謗、中傷他人的貼文，或是帶有負面情緒的貼文。其次是要避免使用給人負面印象的語氣，就算只是開開玩笑的自嘲，也有招致誤解的風險。

不可以發表的九種貼文類型

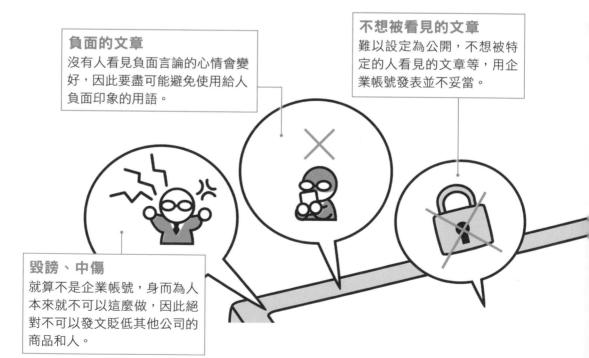

負面的文章
沒有人看見負面言論的心情會變好，因此要盡可能避免使用給人負面印象的用語。

不想被看見的文章
難以設定為公開，不想被特定的人看見的文章等，用企業帳號發表並不妥當。

毀謗、中傷
就算不是企業帳號，身而為人本來就不可以這麼做，因此絕對不可以發文貶低其他公司的商品和人。

第三種是設定成非公開的文章。由於是商務性質的帳號，發表的文章基本上必須被所有人看見。第四種是政治性話題、宗教話題。如果是與政治或宗教有關的服務和事業自然不在此限，但如果不是的話，在工作帳號上最好避免提到這類話題。第五種是機械性、毫無感情的文章。受歡迎的企業帳號「小編」（參考第 106 ～ 107 頁），正是由於不像企業帳號的情感表現而獲得支持的。反過來說，毫無情感、機械性的文章會被用戶討厭。最後，最好避免發表在其他社群媒體上相同內容的文章。由於每種社群媒體的使用族群都不同，發表相對適合的內容會比較好。

沒有情感、死板的文章
若發表如複製貼上般的文章，無法與用戶有親密的交流。請意識到「對方也是人」。

畫質差的圖片
解析度差或模糊的照片有損企業形象。特別是照片備受重視的 Instagram 和 Pinterest 要特別注意。

擁擠的文章
發表沒有分行或分段、將文字擠在一起的文章，用戶也不會想看。請先用預覽模式檢查可讀性。

與其他社群媒體連動發文
由於每種社群媒體的特色和年齡層都不同，目標客群當然也不同。如果在所有社群都發表同樣的文章，在有些社群媒體上很有可能是做白工。

政治、宗教的文章
除了可將政治、宗教相關產品服務當作品牌管理的企業之外，由於這些領域的話題具有敏感性，若非這類產業最好要避免提及。

方便自己的文章
在自己方便的時間發文是不行的。要好好思考對用戶而言合適的時段和內容。

column

建議牢記的

社群行銷
用語集 ④

☑ KEY WORD

UGC   P91

UGC 是「User Generated Content」的簡稱，譯作用戶生成內容。
這是用戶自己產出的內容，包含在社群媒體發表的文章、照片和插圖。
也有許多將 UGC 活用在行銷上的案例。

☑ KEY WORD

網紅   P93

指主要透過網路和社群媒體影響社會、帶動消費者採取購買行動的人。
經常是藝人、時裝模特兒、知名部落客、當紅 YouTuber 等。採用網紅
的行銷也很盛行。

☑ KEY WORD

AISARE   P97

表示消費者的行動流程。Attention（關注）、Interest（興趣）、Search（搜尋）、Action（行動）、Repeat（反覆購買）、Evangelist（對其他人推廣），取這些字彙第一個英文字母的組合就是：關注、產生興趣、搜尋、購買、反覆購買，並且對其他人推廣其優點的過程。

☑ KEY WORD

品牌大使（ambassador）   P99

ambassador 有「大使」、「使節」的意思，在商業上是指負責推廣商品的人。品牌大使的選擇著重在對其商品和品牌有熱誠的粉絲。

☑ KEY WORD

Messaging API   P111

Messaging API 是 LINE 官方帳號提供給開發者運用的程式介面。API（application program interface）指連接不同軟體功能的方便介面。可顯示好友清單、確認是否被封鎖、能夠主動發訊息進行一對一的對話。

☑ KEY WORD

集客平台   P120

在商業的世界，平台是用戶與提供產品和服務的企業用來聯繫的管道。在這裡，企業與用戶能產生聯繫，並建立關係。由於集客平台的目的是為了吸引顧客，許多人聚集在這裡，進而能達成促銷。

Chapter 5

SNS marketing
mirudake note

什麼內容會讓
用戶樂於分享

社群媒體上的充實程度，取決於發表內容的品質。希望各位一起思考，該如何提供讓用戶滿意的內容。

Twitter | Instagram | Facebook | TikTok | YouTube | LINE | Pinterest

01 瞭解內容的基礎知識

用於社群行銷上的內容,可分成「資產型內容」與「追蹤型內容」兩種。

資產型內容與追蹤型內容

將追蹤型內容當作入口,讓用戶流入資產型內容。

資產型內容

指普遍性高,即使時間的推移,對用戶而言也不會失去價值的內容。雖然無法期待有爆發性的點閱率,但即使隨著時間的流逝,也能有穩定的瀏覽率。主要是強調網路行銷。

例:服務、商品資訊、FAQ、公司資訊、員工介紹、聯絡方式、登錄頁面等。

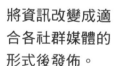

將資訊改變成適合各社群媒體的形式後發佈。

內容（contents）在社群行銷上扮演重要的角色，而內容又分成「**資產型內容**」與「**追蹤型內容**」兩種。資產型內容的「資產」有「累積」的意思，指即使時間流逝價值也難以降低，是能夠資產化的內容。追蹤型內容的「追蹤」有「流動」的意思，指重視資訊新鮮度的內容。若以平面媒體做類比，能夠長久閱讀的書籍是資產型內容，發佈當季資訊的雜誌是追蹤型內容。

將資產型內容與追蹤型內容用在社群行銷的方法，有「將資產型內容轉變成適合社群媒體形式的追蹤型內容，在社群上發表。藉此將社群媒體用戶引導至資產型內容」。例如，欲將社群媒體用戶引導至實施宣傳活動的自家公司網站（資產型內容）時，將網站上的照片和文字調整成適合在社群媒體上閱覽的形式（化為追蹤型內容），在社群媒體上發表，就是一個例子。將資產型內容變成追蹤型內容，發佈在各社群媒體上時，並非將所有同樣的內容發表在不同的社群媒體上，請將內容重新調整成適合各種社群媒體受眾的形式。

例：當時的特賣內容、期間限定的宣傳活動資訊、形象圖、社群負責人的發文等。

追蹤型內容

指高即時性，暫時有高價值的內容。雖然預期有爆發性的點閱率，相對的也容易被更新的其他內容取代，因此無法期待有持續性的高點閱率。主要是強調社群行銷。

02

Twitter Instagram Facebook TikTok YouTube LINE Pinterest

「忍不住想分享」的動機是什麼？

一般認為之所以想要分享的動機主要有三個：「想共享價值觀」、「想維持交友關係」、「想表現自我」。

想要在社群媒體上分享，主要有**三種動機**。第一種是「共享價值觀」。如果覺得某個東西很棒，就會產生想把這件事告訴其他人的想法。這種感覺就會引導分享行為的發生。亦有調查結果顯示，這是最常見的分享動機。第二種是「想維持交友關係」。為了維持和朋友、舊識之間的關係，因此，藉由提供資訊、共享同樣資訊，進而建立更親密的關係。這也是分享的動機。

分享的三種動機

這東西好厲害呀！

share!

我看看。

① 對他人提供價值

人們會有想將對自己而言有價值的事物分享給其他人的心理。無論是商品、服務、趣味短片或文章等，在現在這個時代，只要被認為有價值，都會被分享散播。

第三種動機是「想表現自我」。藉由散播自己的論點和看法，獲得「一針見血的論點」、「你好專業」之類的評價，這樣的動機導致分享的行為。希望表現自我，可說連結到了渴望獲得認同的需求。認同的需求，分為「**他者認同**」，即想要獲得其他人的認同；與「**自我認同**」，即想要認同自己是有價值的人。在爭取他者認同的分享中，傾向於分享似乎會獲得他人高評價的內容；自我認同，則傾向於分享會讓自己感覺良好的內容。在這兩種認同需求中，主要是以滿足「他者認同」的分享為主。

③ **作為表現自我的方法**
為了向其他人傳達自己的主張，引用某個人的意見或新聞，對於其內容闡述意見和立場。這種心理是希望實現其他人知道自己主張的正確性和自己的想法，以及希望有人評價自己。

② **維持良好的交友關係**
提供對自己而言有價值的資訊，且對方也向自己提供，以成立相互關係。這種心理，是透過共享對彼此有價值的資訊，以維持更良好且親密的關係。

Twitter | Instagram | Facebook | TikTok | YouTube | LINE | Pinterest

03 如何建立易於分享的機制？

光有良好的內容，並不會被分享在社群媒體上。建立容易讓人分享的機制，內容才容易被分享出去。

為了讓內容容易被分享，只有優質內容是不夠的。必須建立用戶容易分享的機制。最有效的做法，就是設置可讓用戶輕易按下分享的**分享按鈕**。所謂分享按鈕，是指透過在社群媒體設置外部的網站，點擊按鈕，就能夠將連結分享到其他的社群。將按鈕設置於標題底下，或讀完內容時在眼睛最下方的位置。也可以設定成配合網頁捲動而移動的樣子。

透過OGP設定來提升分享率！

分享時，也顯示概要與縮圖

當用戶打算共享內容時，除了顯示標題與網址，連概要與縮圖也能看到的話，互動率將飛躍性增加。由於在動態消息中也很醒目，吸引到用戶目光的可能性就會提升。

分享囉！

○○「RPG」新ステージ追加

好難分享…

○○「RPG」新ステージ追加
http://○○■■

■■株式会社
プレゼントキャンペーン
http://■△■

如果分享時只顯示標題與網址的話…

相對的，用戶發表時如果只顯示標題與網址，其他用戶看見此內容的反應也會變差。

Google 推薦的 **AMP** 是一種分享技術（參考第 154 頁）。使用 AMP 可即時顯示內容，進而減輕用戶的壓力，不過缺點是分享按鈕無法直接設置在 AMP 的頁面上。如果想要設置分享按鈕，可使用 AMP 組件「amp-social-share」。另外，**OGP**（參考第 154 頁）也是一種容易被分享的機制。若設定 OGP，即使在社群媒體上也能夠正確顯示所分享網站的文字和圖片。在社群媒體上，比起顯示的只有標題和網址等只有文字的狀態，用 OGP 將圖片一同顯示的內容會更吸引人，也更容易被分享出去。

分享按鈕是促進分享的契機

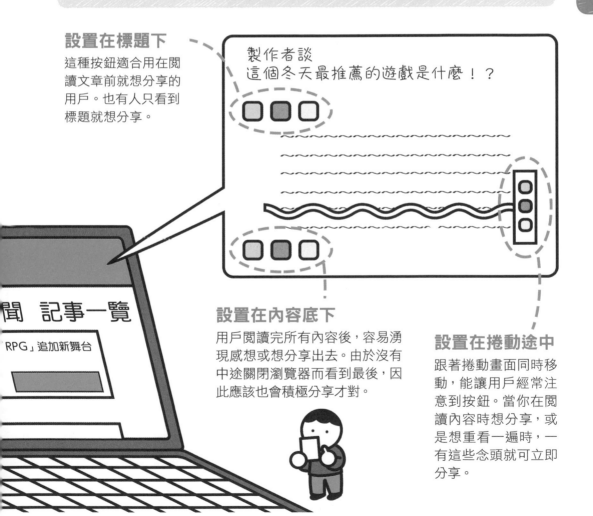

設置在標題下
這種按鈕適合用在閱讀文章前就想分享的用戶。也有人只看到標題就想分享。

設置在內容底下
用戶閱讀完所有內容後，容易湧現感想或想分享出去。由於沒有中途關閉瀏覽器而看到最後，因此應該也會積極分享才對。

設置在捲動途中
跟著捲動畫面同時移動，能讓用戶經常注意到按鈕。當你在閱讀內容時想分享，或是想重看一遍時，一有這些念頭就可立即分享。

`Twitter` `Instagram` `Facebook` `TikTok` `YouTube` `LINE` `Pinterest`

04 受歡迎內容的創作重點

發表文章的字數太多，或圖片尺寸不合適，也會被用戶討厭。所以請留意發表內容的排版。

想要讓貼文受到關注，除了內容，也得講究排版。就算想要傳達的資訊很多，也不應該用太多的**字數**或篇幅。以 Facebook 和 IG 為例，無論內容長短，都只會顯示一定的字數，如果內容沒有達到「想看更多」、「想看下去」，用戶就不會點擊讀完。而且很多人都不喜歡點擊，字數太多的文章一律略過，除了 Facebook，在其他社群媒體上也應該避免長篇大論。

三種代表內容

就算是內容精彩豐富，也要考慮不同的社群媒體是否有字數限制和顯示長度。例如，Twitter 字數上限是 140 字，但 Facebook 是 6 萬字。如果文章過長，缺乏讓人「想看更多」的誘因，用戶就不會想去讀完它，因此要注意文章的長度，要能夠讓人容易閱讀而不會跳過。

另外,也必須注意發表的圖片。若尺寸和長寬比例不佳,有時會發生無法顯示完整圖片的問題。建議的**圖片大小**,Facebook 是長 720× 寬 720 像素,Twitter 是長 360× 寬 640 像素,Instagram 是長 1080× 寬 1080 像素。雖然影片有助於行銷,但仍建議拍攝沒有聲音也能傳達魅力的影片。由於幾乎所有社群媒體的影片播放預設設定都是靜音,因此許多人都用無聲模式看影片。重要的是標上字幕,即使無聲也可以傳達內容的意涵。為避免用戶在播放途中關掉影片,最好在影片開頭就吸引用戶注意,加入令人印象深刻的要素。

除了 Instagram 和 Pinterest 這種以發表圖片為主的平台,Twitter 和 Facebook 也一樣,只要放上圖片互動率就壓倒性的高,因此最好注意圖片品質。配合各社群媒體建議的尺寸,發表時不要被強制調整大小。另外,設定成符合建議尺寸的解析度,壓縮率就可壓在最低。

影片的吸引力強,有很好的宣傳效果。由於被預設為靜音播放,所以有字幕的話,會更受歡迎。如果覺得字幕會破壞畫面,就要努力拍出用畫面就能傳達主張的影片。用戶只會用幾秒的時間決定是否要看完影片,所以一開始就要能夠抓住人心,引人注目。

Twitter Instagram Facebook TikTok YouTube LINE Pinterest

05 內容充實度決定行銷成果

有附圖的貼文比起只有文字的貼文來得更有吸引力，如果能夠附上影片會更好。

如前面內容所述，比起純文字，放入圖片的發表能獲得更佳的反應。而且，將文字和影片放入圖片裡更吸引人。只不過，文章、**圖片**（照片、插畫）、**有文字的圖片、影片**，各自都有優缺點。

文章的優點是不需要在意電腦和手機的硬體效能或連線品質，資料容量較輕。缺點是只有文章難以做出視覺上的表達，且用戶討厭字數多的文章。圖片的優點是，透過視覺就能夠簡潔明瞭地傳達發表的內容。

內容的種類與優缺點

用戶層的喜愛

內容的種類　　想傳達的要件

思考最佳組合的要素

圖片

優點 資訊一目瞭然，不需要冗長說明

缺點 由於無法深入探討，有些人因此不會點閱、產生興趣

有人「討厭看文章」，
也有人的想法是「看影片眼睛會累」、「不喜歡看漫畫」

 必須經常思考最佳的內容是什麼

只要內容看起來精緻時尚，就很容易吸引目光。圖片的優點是一看就懂，還可以加上一些文字傳達重要訊息，但缺點是無法傳達大量資訊，而且需要處理圖片的技能和設計品味。影片的優點則是用戶可以被動接收資訊，不必費力地閱讀文字，而且更容易讓人接受影片傳達的主張，但有資料量龐大的缺點。除此之外，也有一些族群「就是不喜歡，也絕對不會點開影片」、「就是討厭漫畫式的插畫」。所以，在決定如何呈現內容之前，了解各種呈現方式的優缺點，以及適用的族群是很重要的。

視覺表現

高

影片

優點 用戶只要點閱就能夠得到資訊，故事簡單易懂

缺點 龐大的資料量容易帶給用戶壓力，影片過長就容易在途中關掉影片

有文字的圖片

優點 能夠兼具視覺上淺顯易懂與文字資訊。用戶的滯留時間比純圖片還要長，對演算法帶來正面影響

缺點 無法傳達過多的文字資訊，需要圖片加工技能和設計品味

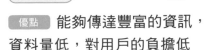

文字

優點 能夠傳達豐富的資訊，資料量低，對用戶的負擔低

缺點 許多用戶不喜歡過多的文字量，視覺上也欠缺吸引力

資訊量

多

Twitter Instagram Facebook TikTok YouTube LINE Pinterest

06 有趣內容的要素

高人氣的內容，一定包含「應景」之內的五大特色，只要能夠發揮這些特色，一定能夠讓你的內容更加受到歡迎。

社群用戶支持的人氣內容有五大特色。第一種是**應景**。除了季節性的貼文，符合社會和社群媒體潮流的貼文會受到關注。查閱 Twitter 的**流行趨勢**（參考第 155 頁）、LINE 的**探索**（參考第 155 頁）、Instagram 的**季節話題**，這些資訊可以幫你掌握現在的流行風向。第二種是具有親切感。人們喜歡具有親切感的內容，所以請試著創作讓人感到親切，或者是具有個性的內容吧！。

重視的五大觀點

② 不要與用戶保持距離？

為了縮短與用戶之間的距離、進行交流，首先必須對用戶展現親切的一面。如第 106 頁介紹，塑造角色、展現獨特的說話方式，讓人對你產生親切感。

① 符合時勢？

聖誕節和情人節等各式活動、新聞、流行趨勢等，許多時勢都會成為話題。確認是否可製作列入這類季節和流行主題的內容。不要錯過時勢、「就是當下」的主題。

第三種是用戶能否產生共鳴。用戶感到「感動」、「驚訝」、「開心」、「可愛」、「懷念」等貼文容易博得人氣。若用戶有「好感動！」的反應，應該也能有許多留言。第四種是加入實用性的資訊。簡單的食譜和生活小知識是常見的人氣點子。關於商品和品牌的小知識也是很好的發表點子。第五種是用戶可以參加的內容。猜謎、問卷、互動式問答等可吸引用戶。只不過，要避免用戶難以回答、模糊不清的問題，請留意要讓用戶方便回答。

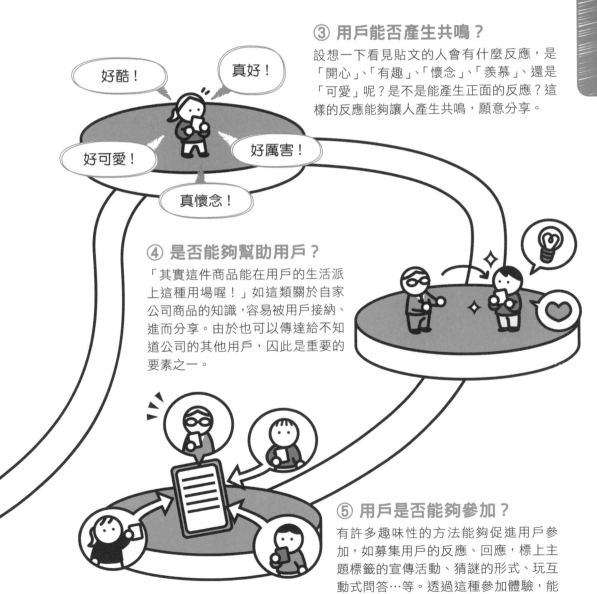

③ 用戶能否產生共鳴？

設想一下看見貼文的人會有什麼反應，是「開心」、「有趣」、「懷念」、「羨慕」、還是「可愛」呢？是不是能產生正面的反應？這樣的反應能夠讓人產生共鳴，願意分享。

④ 是否能夠幫助用戶？

「其實這件商品能在用戶的生活派上這種用場喔！」如這類關於自家公司商品的知識，容易被用戶接納、進而分享。由於也可以傳達給不知道公司的其他用戶，因此是重要的要素之一。

⑤ 用戶是否能夠參加？

有許多趣味性的方法能夠促進用戶參加，如募集用戶的反應、回應，標上主題標籤的宣傳活動、猜謎的形式、玩互動式問答…等。透過這種參加體驗，能夠一口氣拉近與用戶之間的距離。

好酷！

真好！

好可愛！

好厲害！

真懷念！

Twitter | Instagram | Facebook | TikTok | YouTube | LINE | Pinterest

07 如何想到有趣的點子？

沒有任何靈感時，不妨重新思考創意的處理、展現方式。這一篇所介紹的方法論也能成為激發創意的靈感。

煩惱「不知道該如何做才能想到有趣的主意」時，下述的方法論可派上用場。第一種方法論是「定位大小」。「桶裝布丁」或「在米粒上繪畫」等，用「正面意義」顛覆常識「○○○的大小是這樣」的企劃，容易引起人的興趣。第二種是「定位範圍」。增加一般認知商品的使用範圍，提出「其實還可以這樣用！」的創意用法，能夠為老客戶帶來新的觀點。

定位主意的方法

顛覆已知的尺寸，能創造新鮮感，使人產生興趣。可以在展現商品特色的同時發揮優勢，這時也別忘了將比較對象放在一起才能比較出大小。

相對的，介紹新商品時限定範圍「只展現一部分」，也有可能激起用戶的好奇心。第三種是「**定位時代**」。公開現在招牌商品以前的模樣，或者是在令和年代（2019 年～）使用平成年代初期（約 1980 年代中後期）流行的大頭貼照片風格進行宣傳活動。「刻意」走復古風的做法，不管是不是曾經歷過這個世代的人，都能以新鮮的心情對該商品產生興趣。

諸如此類的作法，可以讓你擺脫腸枯思竭、缺乏創意的困境，還能提升互動率，與用戶拉近關係，是非常值得嘗試的做法。

讓人看新商品的一部分！

這件商品還有這種用法喔！

定位範圍

擴充過去為人所知的功能，傳達「原來還有這種用法喔」，能夠讓老客戶產生新鮮感。相對的介紹新商品時，只拍出商品的一角，也能夠讓人有「想知道更多」的好奇心。

展示長銷商品70 年前的原型！

加工成平成大頭貼風格做宣傳！

定位時代

透過懷舊的加工和發表貼文，能夠獲得曾經歷那個年代的人的共鳴。另外也有案例是，展現長銷商品以前的外型，無論是現在抑或以前的世代都會使人產生興趣。

Twitter | Instagram | Facebook | TikTok | YouTube | LINE | Pinterest

08 爆紅貼文的共同點

當某個話題被吵得沸沸揚揚時，證明這個話題的炒作非常成功，爆紅的貼文代表社群行銷的成功，本篇就來研究爆紅貼文有哪些共同點。

爆紅貼文的操作與技巧

社群的種類

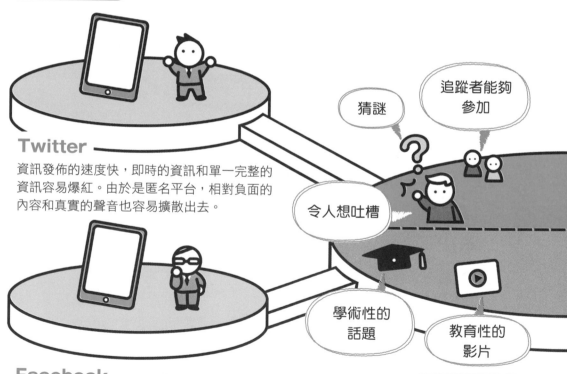

Twitter

資訊發佈的速度快，即時的資訊和單一完整的資訊容易爆紅。由於是匿名平台，相對負面的內容和真實的聲音也容易擴散出去。

猜謎

追蹤者能夠參加

令人想吐槽

學術性的話題

教育性的影片

Facebook

與 Twitter 相比，需要花費較長的時間才能擴散，文章的價值被認同就容易爆紅。由於幾乎是實名制，比起負面的文章，正面的文章和有邏輯的資訊會較容易擴散。

貼文類型

若企業官方帳號的推文在社群媒體上成為話題，資訊擴散成為「**爆紅**」的狀態，企業和商品的知名度也將一鼓作氣上升。在社群行銷爆紅的狀態，是資訊成功擴散的證明。在擴散力強的 Twitter 寫出爆紅推文的要點，正是「獨特的觀點」。並非只顧著談論當紅的話題新聞，用嶄新的觀點介紹，和其他人的推文做區分，爆紅的可能性也將增加。也別忘記活用主題標籤，讓對該話題有興趣的族群更容易注意到自己。

由於在 Twitter 上即時發生的事情經常能成為話題，注意別錯過當下的話題。在社群媒體上，請別錯過談論當紅話題的時機。回覆曾爆紅過好幾次網紅的推文，也是吸引他人目光的技巧之一。若網紅的貼文擴散，也有可能將自家公司品牌和商品的資訊傳達給過去無法觸及到的族群。為了開拓新的目標族群，也可以嘗試在不同的時段發文，包含以前未曾發文過的時段之類的技巧。這麼做能夠讓在過去的時段沒有看過文章的人注意到自己。

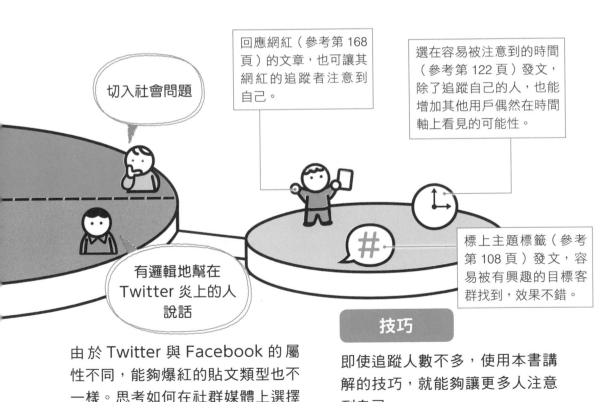

切入社會問題

回應網紅（參考第 168 頁）的文章，也可讓其網紅的追蹤者注意到自己。

選在容易被注意到的時間（參考第 122 頁）發文，除了追蹤自己的人，也能增加其他用戶偶然在時間軸上看見的可能性。

有邏輯地幫在 Twitter 炎上的人說話

標上主題標籤（參考第 108 頁）發文，容易被有興趣的目標客群找到，效果不錯。

技巧

由於 Twitter 與 Facebook 的屬性不同，能夠爆紅的貼文類型也不一樣。思考如何在社群媒體上選擇與之相符的話題進行操作很重要。

即使追蹤人數不多，使用本書講解的技巧，就能夠讓更多人注意到自己。

143

`Twitter` `Instagram` `Facebook` `TikTok` `YouTube` `LINE` `Pinterest`

09 比起「爆紅度」更重視「形象」的品牌管理

品牌形象的經營方向，決定了社群媒體上的分寸拿捏。從品牌管理的角度來看，維護品牌形象是首要之務。

雖然前幾頁介紹過想爆紅的技巧，不過就算爆紅，**自家公司商品和品牌的粉絲**沒有增加就沒有意義了。如果爆紅的發表內容有損自家公司商品和品牌形象，不如不要爆紅還比較好。用社群行銷進行品牌管理時，行銷要符合公司品牌目標的方向。用這種作法，提升品牌在用戶內心的價值，讓人產生共鳴和信任感也很重要。

沒有主體性的內容…

如果只重視用戶的反應，忽略了公司的品牌管理，就會成為迎合大眾、毫無主體性的內容。

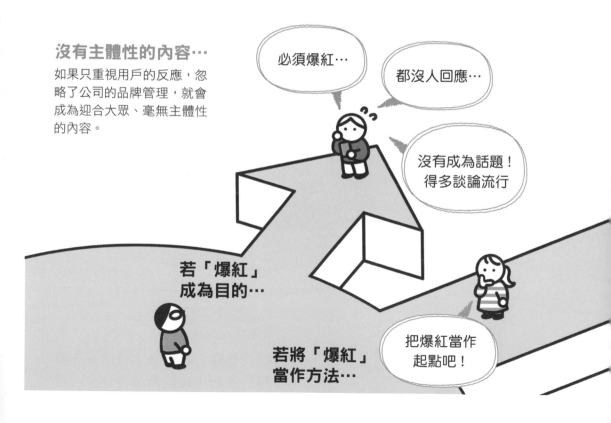

必須爆紅…

都沒人回應…

沒有成為話題！得多談論流行

若「爆紅」成為目的…

若將「爆紅」當作方法…

把爆紅當作起點吧！

你希望自家公司品牌在用戶心中是何種形象呢？例如，希望給人容易親近的形象，與希望給人高不可攀的上流人士形象，不同形象的塑造將大幅影響公司品牌官方帳號的態度。如果想營造容易親近的形象，就應該在社群上與用戶積極交流。比起企業的官方帳號，或許更適合用接近個人帳號的經營方式。另一方面，若想營造高不可攀的形象，就要與用戶保持一定的距離。在 Twitter 上最好不要引用回推和回覆推文。請留意配合理想的品牌形象，改變帳號的經營風格。

「爆紅」只不過是種方法！

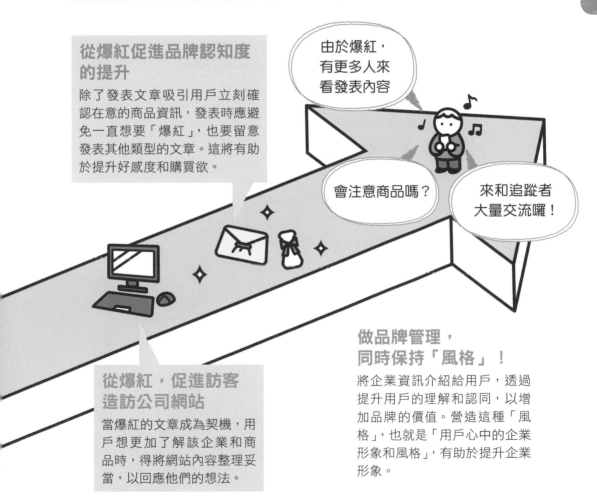

從爆紅促進品牌認知度的提升

除了發表文章吸引用戶立刻確認在意的商品資訊，發表時應避免一直想要「爆紅」，也要留意發表其他類型的文章。這將有助於提升好感度和購買欲。

由於爆紅，有更多人來看發表內容

會注意商品嗎？

來和追蹤者大量交流囉！

從爆紅，促進訪客造訪公司網站

當爆紅的文章成為契機，用戶想更加了解該企業和商品時，得將網站內容整理妥當，以回應他們的想法。

做品牌管理，同時保持「風格」！

將企業資訊介紹給用戶，透過提升用戶的理解和認同，以增加品牌的價值。營造這種「風格」，也就是「用戶心中的企業形象和風格」，有助於提升企業形象。

Twitter | Instagram | Facebook | TikTok | YouTube | LINE | Pinterest

照片品質比資訊量重要

在某些社群媒體，照片的品質比文字還重要。在這種情況下，請盡量使用照片來傳達訊息。

根據 Facebook 針對日本的 Instagram 用戶調查結果顯示，用戶評價「Instagram 企業官方帳號」的重點，最重視的第一名是「發表內容是否有趣」，其次是「高品質的照片」。Instagram 是以照片為主的社群媒體，文字只是照片底下的附屬品，可以想見大部分的用戶都比較重視照片。在這個調查中，「經常貼文」並不是用戶重視的重點，由此可見，Instagram 用戶對於**照片品質**的重視，更甚於數量。

① 思考構圖

拍攝時的構圖就很重要，不要只把重點放在後製修圖。不能只是把眼前的景物或東西拍下來，要思考什麼樣的畫面才能打動人心。

呈放射線的構圖

從正上方的構圖。適合拍餐點

人類以外視角的構圖

高品質的照片！

經常發表…

→在 Instagram 上特別有重視高品質照片的傾向

照片的風格可以很多元，比如漂亮的、可愛的、有趣的，但一定要重視照片的品質。如前所述，Instagram 上的文字並不是被關注的重點，甚至有很多人根本不會去看文字，所以照片一定要能夠傳達重要的訊息。如 135 頁所述，不同的社群媒體，建議使用的照片尺寸也不同；有了好照片，如果呈現的效果不好，反而會帶來反效果。在電腦和手機上呈現的效果也不同，因此請避免照片被裁切的情況發生。

高品質照片的要點

② 用照片喚起想像力

Instagram 的主要用戶群並沒有看長文的習慣，有故事的照片在這裡特別重要，如果能夠讓看到照片的用戶融入情境，更能發揮引起共鳴的效果。

讓人感受故事
的構圖

用設置場景
演出世界觀

③ 注意別拍出 NG 照片

拍攝時需要避免一些明顯的缺點，像是缺乏主題、反光、光線不足、拍攝主體蒙上陰影、構圖歪斜等等。

缺乏主體，畫面
意義不明

拍到陰影，品質
就一落千丈…

不是為了營造美感刻
意為之的水平歪斜，
看起來就是一張失敗
的照片

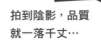

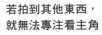

若拍到其他東西，
就無法專注看主角

Twitter | Instagram | Facebook | TikTok | YouTube | LINE | Pinterest

11 影片內容的實用度

在各社群媒體上都可以發表、發佈影片。現在也越來越流行直播，能夠讓用戶有參與感，運用直播的企業越來越多了。

雖然說到網路上的影片，一般人或許都會聯想到 YouTube，不過在各種社群媒體上也能夠發表影片。根據 2018 年關於用手機觀賞網路影片的調查結果，最常使用的平台是 YouTube，接著是 Twitter。同時，在 YouTube、**LINE LIVE**、Instagram、Twitter 都可即時**發佈影片**。由於同步進行**直播**，可以讓用戶有參與感，因此也有助於增加自家公司品牌和商品的粉絲。

影片內容的重點

Point ①

盡量將影片發佈在各種社群媒體上

說到影片就想到 YouTube 的時代結束了。現在，TikTok、Twitter、Facebook、Instagram、LINE 等各種不同的社群媒體上都可以發佈影片。選擇最適合自家公司的社群吧！

只用文字、圖片（照片或插圖）難以說明使用方法的商品，透過影片介紹就非常合適。實際上，有許多企業都會拍攝影片講解商品的使用方式。同時，除了商品說明，只用文字或照片難以傳達使用商品時的模樣，也可以拍攝影片簡單傳達。另外，根據經常觀看何種直播的調查，前三名分別是「音樂」、「運動」及「出現網紅的影片」。可見網紅在影片中的影響力極大。拍攝影片進行宣傳活動時，也可以考慮請網紅合作。

Point ②

注意影片的呈現

影片的長度也會影響用戶的觀賞習慣，如維持手機直向直接收看影片，或橫向放大畫面收看。

Point ③

利用直播積極接觸用戶

線上即時發佈直播影片，可讓用戶更加投入，接觸其內容。同時，也能簡潔、生動地傳達商品的說明。

橫向
喜歡收看 3 分鐘以上長度影片的用戶，喜歡將手機橫擺，他們會有耐心看完一部精心製作的短片。

直向
不喜歡將手機橫擺的用戶，通常只想看長度在 1 分鐘以內的短片，因為他們沒有什麼耐心。

Twitter Instagram Facebook TikTok YouTube LINE Pinterest

12 了解演算法對貼文的影響

社群媒體的演算法，決定了使用者會優先看到什麼樣的推薦貼文。

演算法（參考第 155 頁）指電腦進行判斷時採用的規則。各種社群媒體背後都有演算法的運作。根據演算法的計算，社群媒體在頁面上顯示它認為最適合用戶的資訊。Facebook 的動態牆、Instagram 的動態消息、Twitter 的時間軸上顯示的內容都是演算法決定的結果。如果不瞭解演算法，就有可能造成「明明發表了許多文章，卻完全沒有被鎖定的目標客群看見」的結果。

演算法的變遷

各種資訊錯綜複雜！

有連結的朋友發文

來自經常交流的帳號的資訊

有興趣的報導

不關心的報導

陌生人的文章

社群媒體發展初期
將原本沒有關聯的人們連結起來，社群上充斥各種資訊。

演算法發動！

現在
各社群媒體提供的服務越來越多樣，能更有效率發佈新聞的演算法越來越備受重視。

Facebook 的演算法，會優先顯示家人和朋友的文章，其次才是企業的文章。不過，互動率（按「讚」和留言等）越高，企業的文章的**觸及**率就能隨之越高。Twitter 在時間軸最上方顯示的不是最新推文，而是「**話題推文**」，話題推文是演算法判斷用戶強烈關注的推文。Instagram 的演算法根據「用戶對其內容關心的可能程度」、「貼文被分享的日期」、「與貼文者過去的交流」這些因素，決定顯示貼文的順序。也就是說，Instagram 會讓使用者優先看到比較可能感興趣的貼文。

Instagram 的演算法

觀看貼文的時間是否比其他貼文還長。

滯留時間

搜尋檔案

用戶是否經常確認檔案。

是否為用戶關心的領域。

直接的訊息

關聯性

用戶有多少機率回應這則貼文。

是否為直接回覆訊息／被回覆的關係。

互動率

流行性

關係

是否為新的貼文。

與用戶是否有關係。

151

Twitter | Instagram | Facebook | TikTok | YouTube | LINE | Pinterest

13 充實連結的登錄頁面

點擊連結後,用戶最先造訪的頁面就是「登錄頁面」。缺乏規劃,沒有最佳化的頁面,可能會讓難得受到吸引而來的訪客馬上離開。

登錄頁面該注意的事

注意字數

登錄頁面的字數太多,會讓人不願意看下去,但如果字太少,資訊不足,也難以激起購買慾。所以,該用多少字來介紹公司的產品,是件值得仔細思索的事情。

重視手機的顯示效果

92%的手機用戶會上社群媒體。用電腦版的顯示設定在手機上勢必難以閱讀,務必要最佳化到符合手機顯示的字數、大小和段落。

嘿…

登錄頁面

有賣這種東西喲

歡迎光臨

總之先點擊!

與常見的網頁不同,是用戶造訪時最先顯示的頁面。大多是出現網路廣告時最先點擊的頁面。

用戶點擊連結後，最先來到的頁面叫做「**登錄頁面**」（landing page）。直譯的話是「上岸的頁面」，可想像成用戶點擊後最先連結到的頁面。藉由社群行銷，用戶在社群媒體上點擊連結，最先見到的頁面就是登錄頁面。好不容易將用戶引導至登錄頁面了，如果登錄頁面有問題，用戶通常就會離開那個頁面。

在規劃登錄頁面時最為棘手的，就是合適的字數到底是多少。字數太少，資訊可能不足以滿足用戶，字數太多，也不會有人想看完。但是，又沒有所謂的「理想字數」。

一般來說，對男性顧客而言，就算字數偏多，只要能夠仔細說明，滿意度就會提高。如果是女性顧客，用插圖和照片表現比起使用大量字數描述的效果來得好。不過，這只是其中一種例子，不同產品與目標客群的適合字數差距甚大。最好能夠利用 PDCA 的方式，觀察用戶反應不斷調整，慢慢找出最適合自家公司產品的表現形式。

網站種類

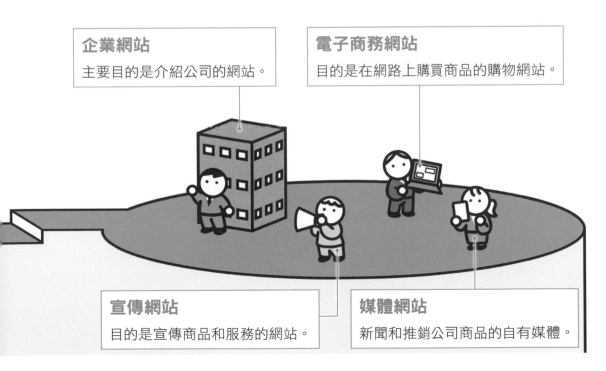

企業網站
主要目的是介紹公司的網站。

電子商務網站
目的是在網路上購買商品的購物網站。

宣傳網站
目的是宣傳商品和服務的網站。

媒體網站
新聞和推銷公司商品的自有媒體。

153

column

No.05

建議牢記的

社群行銷用語集 ⑤

KEY WORD

AMP

P133

AMP 是「Accelerated Mobile Pages」的簡稱，是 Google 開發的技術。「Accelerated」有「加速」的意思。運用 AMP 可在行動裝置上更高速顯示網頁。

KEY WORD

OGP

P133

這種標籤可在社群媒體上分享外部網頁和部落格文章時，同時顯示其頁面標題、網址、概述、圖片等。社群上的用戶可一眼就簡潔地瞭解頁面內容。

☑ KEY WORD

流行趨勢 P138

指多麼「流行」。在 Twitter 上，許多人貼文的單字會顯示在「流行趨勢」的排行榜。為了發表符合潮流的文章，可說必須細心找尋。由於排行榜會頻繁更迭，能夠知道即時的話題關鍵字。

☑ KEY WORD

探索 P138

用 LINE 的探索功能，能夠看見朋友以外帳號在貼文串上的文章。探索功能基本上顯示 LINE 推薦的文章，在貼文串上會顯示最新的人氣文章清單。（編注：在本書截稿前夕，LINE 已經宣布將「貼文串」轉型為以短影音為主的「VOOM」）。

☑ KEY WORD

爆紅 P143

指網路和社群上短期內話題爆發性地擴散，吸引許多人關注。「爆紅」來自英語 buzz（蜜蜂「嗡嗡叫」或機器「唧唧響」的意思）。不過，為了一時爆紅而導致炎上可說本末倒置，必須注意。

☑ KEY WORD

演算法 P150

指電腦計算時的計算方法和順序。例如程式在大量計算資料時，會遵循某種演算法自動排列資料。在許多社群媒體上，會遵循這種演算法對用戶顯示最為推薦的內容。

Chapter 6

SNS marketing
mirudake note

從社群媒體引導至銷售的秘訣

社群媒體只不過是一道入口。該如何從這裡引導用戶做出實際的行動，可說是社群行銷的真功夫。接著一起思考，該如何維持與用戶之間的關係而不讓它結束。

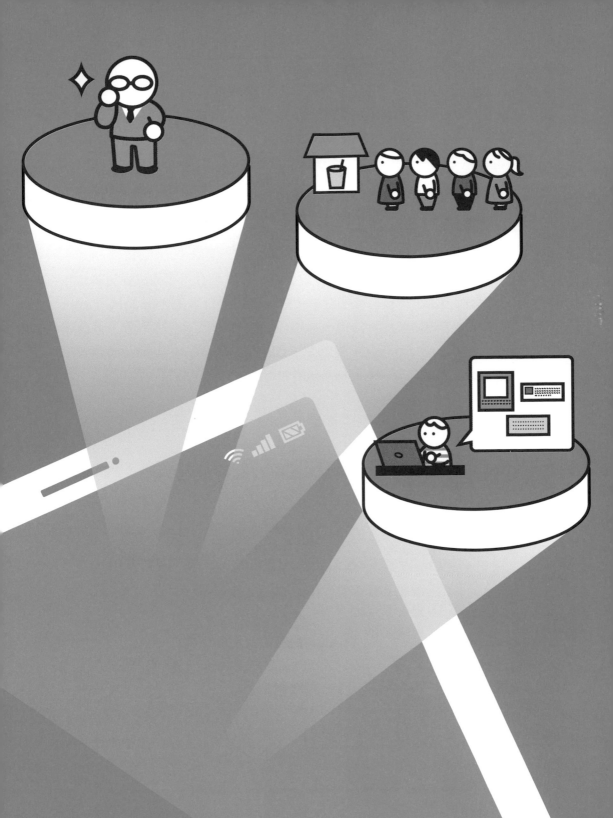

Twitter Instagram Facebook TikTok YouTube LINE Pinterest

01 社群媒體對用戶的購買行動造成影響

在社群行銷上,用戶是經歷什麼樣的過程決定採取購買行動的?購買行動模型就是一種可以呈現消費者採取購買行動之心理歷程的消費者行為模型。

瞭解**購買行動模型**,能夠設計合適的行銷策略,得以配合用戶需求實施策略和進行合適的交流方法。一般的社群行銷策略,是根據日本電通在 2015 年提出的購買行動模型 **DECAX** 進行擬定。這種理論是經過以下五種過程,也就是 Discovery(發現)→ Engage(關係)→ Check(確認)→ Action(購買)→ eXperience(體驗、分享)而抵達至購買行動。

DECAX的思維是以消費者為中心

START

STEP 1 Discovery 發現

找出對自己有益的資訊。這是連結至購買行動的重要第一步。

A 最近買了這一間的有機蔬菜呢~

STEP 2 Engage 關係

透過反覆發佈資訊,拉近用戶與商品之間的距離感。

什麼樣的農家?

哪間店有賣?

店 企業 農家

用戶購買行動的第一步，是從充斥在網路社會上的各種資訊中「發現」自己需要的有用資訊。身為廠商或農家必須擬定策略，準備有市場需求的內容，以讓人看見。實施策略，吸引人閱覽好幾次，讓人反覆閱讀內容，以加深用戶與商品之間的關係。關係越深，獲得商品真實的資訊，就會更想進一步確認細節。從社群上確認好幾種資訊，接受後可購買商品。接著將在這一連串的行動中獲得的體驗，發佈在社群媒體上或留言與人分享。在購買行動的各個過程中，社群媒體擔任重要的作用，如提供資訊、購買行動的路徑、共享體驗的場域等。

GOAL

我推薦喲

普羅旺斯雜燴

八寶菜

原來如此，也能用在這種食譜上

要做什麼菜呢？

收到了！

確認口碑！

STEP 5
eXperience
體驗、分享

消費者透過社群媒體，對朋友、社群用戶發佈商品實際的外觀和使用上的感覺。

是否有推薦食譜用這種蔬菜呢？

STEP 4
Action
購買

似乎在進行划算的宣傳活動

縮短商品與用戶的關係，確認資訊後決定購買。

STEP 3
Check 確認

讓消費者吸收資訊，增加購買慾。也有許多人會參考實際的口碑。

產生新的 Discovery

Twitter · Instagram · Facebook · TikTok · YouTube · LINE · Pinterest

02 在社群媒體做品牌管理將更有成效

在社群媒體上與用戶直接交流，除了提升商品和服務的知名度，也有品牌管理的作用，將形象和世界觀傳達出去。

在行銷策略中，**品牌管理**可以帶來許多好處。用戶成為粉絲，可增加他們使用自家公司商品的機會，提升購買的可能。而現今社群媒體成為遇見品牌和商品、發現嶄新服務的場域，粉絲會主動發佈、分享公司相關的正面資訊，讓訊息傳播的效果更加廣大。

品牌管理以增加企業價值

One point

何謂品牌管理⋯
說到品牌一詞，給人高級商品和服務的印象強烈，不過原本的意思是指用配色和記號與形象連結。

網站、廣告、口碑、社群媒體、店鋪和店員等，品牌是由各種不同的接觸點（與消費者接觸的機會）所構築而成。

購買前
這個階段知道品牌、商品和服務。有時也會被包裝吸引。

朋友的口碑
好好吃～

可愛的包裝

請用

店員很親切

好美味

實際喝過之後滿足

想喝喝看

在商店看見

品牌體驗

購買
實際上覺得美味，推薦給大家。親切的服務會提升好感度。

購買後
大家推薦的東西，自己也想要推薦。有時感同身受的情緒也會增加。

好好吃

真的

在社群上收看

推薦給朋友

好好吃

除了社群媒體，在自家公司網站上也可進行品牌管理，通常會與社群媒體同時進行管理。之所以必須在社群媒體做行銷，在於現今不分年齡，許多人在生活中長時間用社群媒體，且用戶想收集資訊時，比起搜尋引擎，在社群媒體上查詢的機率更高。由於社群媒體凌駕既有媒體、販賣策略而造成的**數位破壞**，孕育出的環境便是比起企業發佈的資訊，對於社群媒體上個人發佈資訊的信任度更高。

另外，網路上充斥商品資訊、**同質化**的現象，造成即使想購買東西，但由於各種商品的差異不大，造成不知道基於何種基準選擇比較好，變得容易猶豫不決。這時候，品牌管理便成為購買的關鍵，具有重要的意義。

為了從同質化脫穎而出

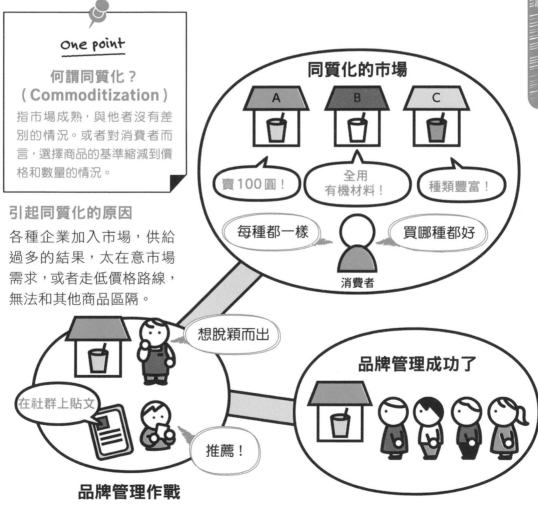

One point

何謂同質化？
（Commoditization）
指市場成熟，與他者沒有差別的情況。或者對消費者而言，選擇商品的基準縮減到價格和數量的情況。

引起同質化的原因
各種企業加入市場，供給過多的結果，太在意市場需求，或者走低價格路線，無法和其他商品區隔。

同質化的市場

A | B | C

賣100圓！ ｜ 全用有機材料！ ｜ 種類豐富！

每種都一樣 ｜ 買哪種都好

消費者

想脫穎而出

在社群上貼文

推薦！

品牌管理作戰

品牌管理成功了

03

Twitter Instagram Facebook TikTok YouTube LINE Pinterest

發文及口碑有助於將來的購買

在社群媒體，無論反應好壞，都是立即可以看見的結果，因此，站在使用者的角度思考行銷策略是很重要的。

根據調查社群媒體貼文造成行動改變的調查，結果顯示約 70 ～ 80％以上的用戶回答，曾經因為企業或朋友的發文而「對品牌或產品產生興趣」。在「購買產品、造訪店鋪次數增加」中，有 60％以上的回答受到企業的貼文影響，40％以上的回答受到朋友的貼文影響。從這份調查結果可以看出，社群媒體已經深入生活，影響著人們的購買行為。但是，如果只是單純的發佈資訊，是無法引起共鳴的。

資訊量逐漸增加！

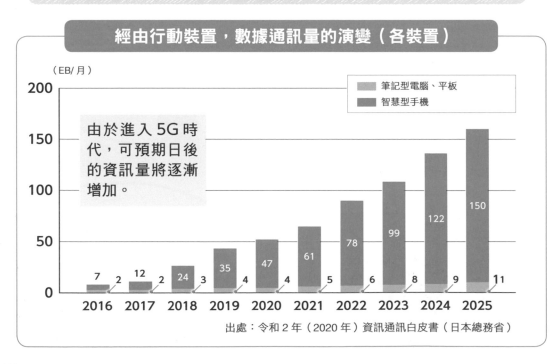

經由行動裝置，數據通訊量的演變（各裝置）

（EB/ 月）

■ 筆記型電腦、平板
■ 智慧型手機

由於進入 5G 時代，可預期日後的資訊量將逐漸增加。

	2016	2017	2018	2019	2020	2021	2022	2023	2024	2025
智慧型手機	7	12	24	35	47	61	78	99	122	150
筆記型電腦、平板	2	2	3	4	4	5	6	8	9	11

出處：令和 2 年（2020 年）資訊通訊白皮書（日本總務省）

我們都有過自動忽略動態牆上「廣告」的經驗，對於一般人來說，這種制式的產品資訊，自動忽視是很自然的事情。所以，提供商品資訊的同時，最好能夠提供一些與商品相關的有用小知識，讓看到的人能有「這個有用」、「感覺賺到了」、「喜歡」的感受。

另外，近幾年的**流通資訊量**飛躍性的增加，個人發佈的資訊也越來越多。與此相比，由於以人類的意識程度能夠認知接收資訊內容的量（**消化資訊量**）沒有太大改變，因此資訊量越多，就越難將關鍵的資訊傳達給用戶。為了不被龐大的資訊淹沒，以顧客優先的交流模式最能夠發揮價值。

讓人想閱讀的貼文就是「感同身受」

Twitter Instagram Facebook TikTok YouTube LINE Pinterest

04 在社群媒體誕生的 新購買形式「ULSSAS」

將用戶的貼文當作出發點，通往搜尋和購買，而購買者發文再更加擴散……建構這種理想的循環，可預期廣告成本的縮減與提升信任度。

「**ULSSAS**」是由 Hotto Link 股份有限公司（譯註：分析大數據的公司）提出，意指因社群媒體而變化、反映現代消費行動的購買行動模式。ULSSAS 是取 UGC、Like、Search 1、Search 2、Action、Spread 的第一個字母。UGC 是用戶的貼文，用戶購買新服務、商品而拍照發表。Like 指追蹤者對其貼文按「讚」的回應。Search 1 指看見按「讚」貼文而在社群上搜尋。Search 2 指在 Google 或 Yahoo! 等搜尋引擎用關鍵字搜尋。Action 指購買服務或商品。

one point

與過去常見的行銷用語「行銷漏斗」的不同之處在於活用 UGC（用戶發表內容）。透過最大限度活用 UGC，不需要高額的廣告費，也能持續性的推銷自己。

n 對 n，商品資訊的擴散熱烈，不過社群媒體上也有企業提供的廣告和資訊。

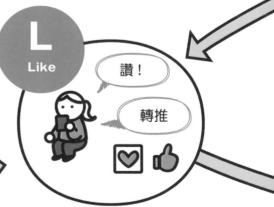

UGC 得到「讚」的評價，轉推被擴散，推薦給更多人。

Spread 則是指擴散，購買者發表服務或商品的資訊，其他人對此按「讚」，資訊因而更加擴散…這一連串的循環不斷重複。

過去的購買行動模式，是隨著行動而人數越來越少的**倒三角結構**（行銷漏斗），主要目的是在一開始盡可能讓用戶產生認知而採取購買行動。雖然這種情況需要龐大的宣傳廣告費，不過 ULSSAS 不同，是**飛輪結構**，一旦能夠將 UGC 擴散、不斷循環，用戶本身就會幫忙進行有成效的宣傳廣告，因此不需要龐大的廣告費。為了在一開始上傳優良的貼文，關鍵在於是否能在準確的時機提供用戶高感同身受的資訊。

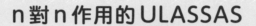

n 對 n 作用的 ULASSAS

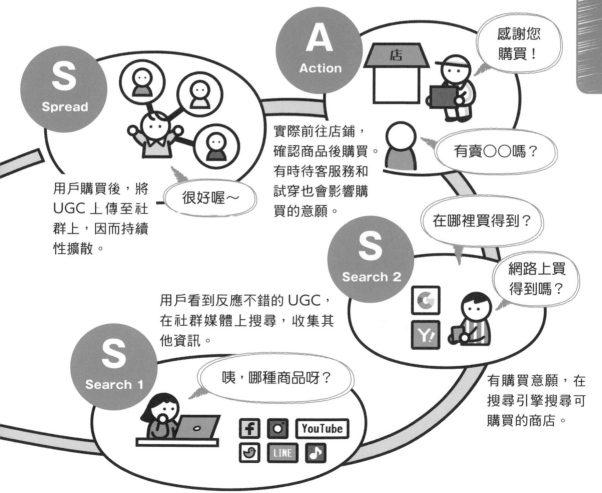

S Spread

用戶購買後，將 UGC 上傳至社群上，因而持續性擴散。

很好喔～

A Action

店

感謝您購買！

實際前往店鋪，確認商品後購買。有時待客服務和試穿也會影響購買的意願。

有賣○○嗎？

S Search 2

在哪裡買得到？

網路上買得到嗎？

用戶看到反應不錯的 UGC，在社群媒體上搜尋，收集其他資訊。

S Search 1

咦，哪種商品呀？

有購買意願，在搜尋引擎搜尋可購買的商店。

Twitter | Instagram | Facebook | TikTok | YouTube | LINE | Pinterest

05 按「讚」與 CVR 的不同

互動率是顯示按「讚」等用戶反應比例，顯示對企業信任感的指標。
另一方面，CVR 是表示設定的行銷目標的達成率。

互動率（參考第 78 頁）是顯示對於企業、品牌信任感的指標。雖然這種指標在社群行銷上備受重視，不過這種數字呈現的內容，是對於企業貼文按「讚」、轉推、追蹤、分享、留言等次數。按「讚」反應了用戶的好感，是衡量互動率簡單易懂的指標之一。在一般情況，互動率越高的用戶，對企業而言是優秀的粉絲，是願意擴散貼文和不斷回購商品的族群。不過，由於負面的回應也會列入計算，因此並非所有粉絲都會做出不斷回購商品的行為。

什麼是CVR？

轉換率的公式

結果數 ÷ 網站的訪問數

購買商品、索取資料、會員登錄人數

消費者訪問自家公司網站的次數

若想提升CVR率

經常購買的商品

蔬菜等食品 — 衛生紙等日用品

到購買為止都很順利

清楚說明如何保護個人資訊

CVR（conversion rate）也是社群行銷的重要指標之一。這是表示看到社群媒體官方帳號發文的用戶中，購買商品、索取資料、登錄的設定等，達成具體目標的比例。CVR 也稱作成果達成率，可理解成數值越高，達到預期成果的效果越好。不過，由於目標的設定方式會影響 CVR 的數值，因此，如何決定合適的目標就很重要。舉例來說，「索取資料」比「購買商品」更簡單，因此，若將「索取資料」設定成目標，就能輕而易舉的提升 CVR 的數值。

什麼是互動率？

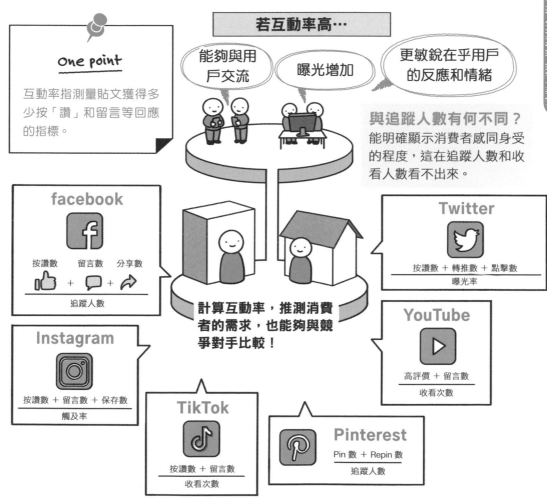

One point
互動率指測量貼文獲得多少按「讚」和留言等回應的指標。

若互動率高…
- 能夠與用戶交流
- 曝光增加
- 更敏銳在乎用戶的反應和情緒

與追蹤人數有何不同？
能明確顯示消費者感同身受的程度，這在追蹤人數和收看人數看不出來。

facebook
$$\frac{按讚數 + 留言數 + 分享數}{追蹤人數}$$

Twitter
$$\frac{按讚數 + 轉推數 + 點擊數}{曝光率}$$

計算互動率，推測消費者的需求，也能夠與競爭對手比較！

Instagram
$$\frac{按讚數 + 留言數 + 保存數}{觸及率}$$

YouTube
$$\frac{高評價 + 留言數}{收看次數}$$

TikTok
$$\frac{按讚數 + 留言數}{收看次數}$$

Pinterest
$$\frac{Pin 數 + Repin 數}{追蹤人數}$$

167

Twitter | Instagram | Facebook | TikTok | YouTube | LINE | Pinterest

06 網紅效應

網紅可以在社群媒體上發揮強大的影響力。如果正確選擇屬性適合的網紅，可以帶來龐大的宣傳成效。

正如品味好的人推薦的商品會帶來想嘗試的念頭，**網紅行銷**的重點並不在於廠商發佈資訊，而是可信任的個人發佈的資訊。意即「有保證」的方法，這種方法自古以來就用在行銷上。不過，傳統的行銷是對個人廣告，相對的在網路行銷採用網紅，能夠對其周圍的整個社群帶來資訊與影響。若發佈高品質的資訊，也有可能追蹤者一口氣將口碑傳播出去。

什麼是網紅？

網紅
有影響力的人物。大多為演藝人員，不過也有許多在特定領域廣受支持、有名氣的一般人。

首席網紅
追蹤人數 100 萬～／日本有 57 人
影響力甚至高於演藝人員。觸及力非常強大

中堅網紅
追蹤人數 10 萬～／日本約 1000 人
在某個領域突出，在該業界也有知名度

微米網紅
追蹤人數 1 萬～／日本約 1 萬～ 1 萬 5000 人
比一般人的影響力大，優勢是以接近用戶觀點發佈資訊

奈米網紅
追蹤人數 ～ 1 萬／日本人數 無限
在社群媒體上發佈力強的主婦或年輕人

追蹤者
這些人在社群媒體上設定可看見某位人物和企業貼文與更新訊息

將較少接觸電視和雜誌等媒體的族群設為目標客群時，非常適合採用常在社群媒體上活躍的網紅。由於代言人主要在專業領域上活動，這麼做的優點在於確實容易進行符合策略目標的媒合。邀請網紅與商品合作之前，當然要重視網紅是否有損企業和商品的形象、追蹤人數灌水等違規行為、人格是否有問題等地方。而且也要注意是否會做出**隱形行銷**。由於在網路世界的負面資訊容易擴散，因此斷定為「偽裝推廣」情況的損害將難以估計，必須事前擬定對策。

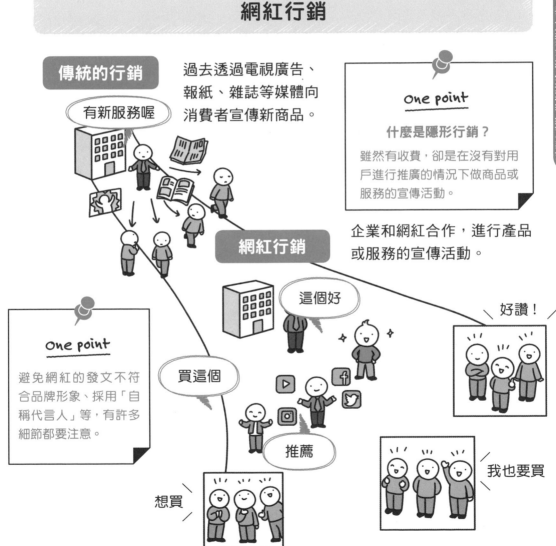

網紅行銷

傳統的行銷

有新服務喔

過去透過電視廣告、報紙、雜誌等媒體向消費者宣傳新商品。

one point

什麼是隱形行銷？

雖然有收費，卻是在沒有對用戶進行推廣的情況下做商品或服務的宣傳活動。

網紅行銷

企業和網紅合作，進行產品或服務的宣傳活動。

這個好

好讚！

one point

避免網紅的發文不符合品牌形象、採用「自稱代言人」等，有許多細節都要注意。

買這個

推薦

我也要買

想買

Twitter [Instagram] Facebook TikTok YouTube [LINE] Pinterest

07 在同樣的社群媒體，也要因應用途更改發佈方法

在同樣的社群媒體內有各種功能，因應目的和目標區分使用，能促進更有成效的推廣。來看看 LINE 與 Instagram 的例子。

LINE 在日本境內的活躍用戶有 8,000 萬人以上，覆蓋的年齡層廣泛，能夠獲得極大的廣告成效。LINE 基本上供個人使用，有商用目的的情況，則取得 LINE 官方帳號運用。用官方帳號可用各種形式發佈資訊，例如在貼文串上告知新商品資訊、活動或宣傳活動，有時則以部落格風格道出工作人員的心聲，用圖片和影片發表用戶易懂的內容，透過按「讚」分享和留言貼文，當作與用戶交流的場域活用。

LINE

提升貼文串上的認知度

貼文串和聊天室不同，有透過按「讚」和留言擴散出去的機會。

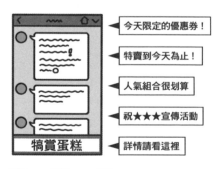

在聊天室作視覺上的推銷

用比貼文串更為柔和、親切的表現，發佈強調視覺的訊息。

在聊天室，**動態內容**的反應率、引導率也有不錯的成效。動態內容指可用圖片、影片提供大量視覺上資訊而推廣的功能。這種功能在聊天室下方顯示引導，用戶可立即點擊啟動。

在女性用戶比例高的 Instagram，貼文有**動態消息**（Feed）與**限時動態**（Story）兩種類型，能做更有成效的行銷。動態消息是表現行銷策略的世界觀和概念的場域，而用限時動態可告知大眾宣傳活動或資訊等實用性高的內容，靈活運用可帶來相乘效果。同時，限時動態每年都會追加新功能，由於互動率高，用戶也會詢問與商品開發有關的問題，用法也很廣泛。

Instagram

用動態消息增加認知度

在一般的貼文中，用容易擴散的資訊，與對品牌管理有成效的視覺效果，提升認知度。

限時動態的真實資訊

為了加深與粉絲的交流，用即時的內容發表高實用性的貼文。

Instagram 可與 Facebook 同步

one point

與 Facebook 帳號同步，分享貼文，能夠觸及範圍更大的年齡層和目標族群！

Twitter | Instagram | Facebook | TikTok | YouTube | LINE | Pinterest

08 社群媒體進化成購物的場域

傳統的購物模式是用搜尋引擎，或在電子商城網站搜尋，現在有了大幅變化，透過社群媒體購物的比重大增，因此 CTA 策略備受重視。

在尋找想要的商品時，你會如何採取行動呢？說到傳統的方法，一般會用搜尋引擎，從排名前面的結果開始研究，或在電子商城網站搜尋，不過現在 10 多歲、20 多歲的年輕族群習慣用社群媒體購物的人數急遽增加。在 Instagram，也可輸入關鍵字搜尋想找的商品、服務，或搜尋商店或 IG 活躍用戶的穿搭。另外，用 Instagram 的**探索頁面**，基於用戶行動而顯示符合的內容，也能讓沒有追蹤自己的用戶看見新的資訊。

運用CTA策略的七大重點

One point

CTA 的意思是行動呼籲，用文字和圖片刺激用戶行動。

如果為這些事傷腦筋，就用CTA應對吧
- 低回訪率、低回應率
- 對特定表單的回應率高
- 一下子就捲到頁尾

① 掌握通往網站的足跡

第一步用分析工具，瞭解通往自家公司網站的足跡和購買頁面為止的變動率。

② 掌握用戶需求

推測用戶對何種商品有興趣，需要何種資訊而造訪網站。

O× SHOP

消費者
想要什麼？
想做什麼？

??

新發售！
1980 圓

首次限定！
1980 圓

哪種較有吸引力？

從哪個
社群媒體連結
過來的？

從首頁到
購買為止的
前進率呢？

③ 降低文字的難度

比起詳細的說明，最好用用戶容易想像「對自己有好處」的描述。

類似的功能還有 YouTube 的首頁，可從追蹤的頻道和觀看記錄顯示用戶可能喜歡的影片。施行這種策略，可在各社群媒體上刺激用戶想買的念頭。

除了讓用戶遇見商品、產生記憶，從網頁引導至自家公司和電子商務網站、與各社群媒體帳號的同步等，亦能夠更加強化通往購買行動的足跡。此時的重點是 **CTA**，意即 Call To Action（行動呼籲），常見的 CTA 按鈕有「點擊連結」、「購買」、「下載」等。Instagram 的「瞭解詳情」，YouTube 的「看更多」、「索取資料」等 CTA，是為了刺激用戶購買或預約商品等活動而設置的。

④ **重視設置的位置**
將 CTA 設置在用戶容易注意到的地方較有成效。也要考慮視線的移動。

⑤ **減少選項**
由於也有用戶看到選擇的按鈕越多，就會放棄做決定，因此要減少選項。

⑦ **減少心理負擔**
在 CTA 中加入負擔低感受的要素，降低用戶警覺心也很重要。

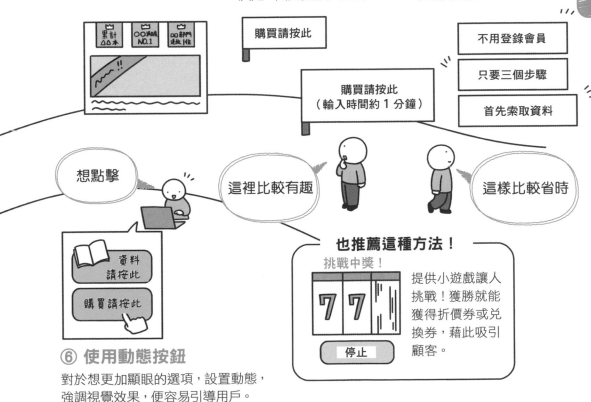

⑥ **使用動態按鈕**
對於想更加顯眼的選項，設置動態，強調視覺效果，便容易引導用戶。

Twitter　Instagram　Facebook　TikTok　YouTube　**LINE**　Pinterest

09 從社群媒體連結到實體商店

LINE 的優惠券發送經常被用於吸引顧客、引導顧客光顧店鋪的手段。考慮到用戶的便利性，發送使用方便的優惠券可以增加成效。

若希望顧客造訪**實體商店**，提到容易導向結果的策略，就是 LINE 官方帳號的優惠券，根據運用方式，優惠卷可做成各種不同的形式，如折價、現金回饋、贈送禮物等，由於也可設定內容、有效期間、使用條件等細節，依用心程度，可做高成效的宣傳活動。

優惠券也可公開在貼文串上，或為了提升追蹤帳號、**加入好友**的意願而用。

運用優惠券的要點

① 發行優惠券
優惠券當作購買商品的契機很有成效。也是販賣多餘庫存品的好機會。

② 打開優惠券
用訊息發行，用戶必須點擊開啟。善用優惠券的名稱可吸引注意。

③ 報名抽獎優惠券
顯示中獎機率和中獎人數，容易讓用戶產生中獎的印象。

④ 之後的發展
銷售數和來店數增加，分析效果，當作下次發行優惠券的參考。

庫存有點多
來發行優惠券吧
明明是好商品
改變推銷方法

出清庫存！特賣

特賣的話就買吧…
我沒有這種顏色

朋友增加了？
來店人數增加了？

好友人數多少？發行給誰？

有多少人點擊打開？

打開的有多少人報名？

對提升品牌認知度和增加來店人數有影響？

另外，一般的訊息也能附贈優惠券，在加入好友後最先發出的訊息上附贈，用戶拿到後也開心，這種策略也有助於用戶之後採取行動。

抽籤也是一種方法，只將優惠券發行給中獎的用戶。加上限定條件，如只能在下雨天使用的「雨天優惠券」，或只送給常客的老顧客限定優惠券，也可刺激增加回購率。另外，設定在店鋪出示優惠券可免費拿到新商品的樣品，則可創造造訪店鋪的動機。而在贈送優惠券的前一個頁面實施問卷調查，收集用戶資訊，將優惠券當作誘因便可增加答卷率。其他也可運用在處理多餘的庫存品，多用心設定，就有各種可能性。

想用優惠券

加入好友就能立刻使用

若有優惠券在加入好友後可使用，在來店或購買時就較願意追加好友。來店後可馬上用！

每個月變化內容

必須下工夫按照時期和季節變更內容，讓用戶不會厭倦。

下次來店時贈送這種禮物

免費優惠券發行中

LINE 免費優惠券發行中

來登錄吧

不知道何時可拿到優惠券？

割引き

標示簡單易懂，如「贈送菜單上的一道料理！」

也可加入玩心，推一把讓人願意嘗試

折扣1000圓

限定發行給我

我等這種優惠券好久啦～

和小朋友一起去

再去一次

限定優惠券

限定期間、來店日期、氣候，「推一把」購買和來店意願。

一起買更便宜

也有優惠券是為了不降低企業的銷售，設定使用條件，提升顧客單次消費額。

也有限定方法是規定雨天和平日15點

雨天多送一團麵

贈送上市前的樣品！

5000圓以上顧客贈送〇〇

如果夫妻一同來店…

送小禮物

LINE 好友30萬人 Thank you 感謝活動

No.06

建議牢記的

社群行銷用語集 ⑥

☑ KEY WORD

購買行動模型 P158

這種模型是將用戶到購買為止的行動，找出一定的規則，化作模型。擬訂行銷策略時，必須預測合適的購買行動。在社群行銷，VISAS 是 Viral（口碑）→ Influence（影響）→ Sympathy（感同身受）→ Action（行動）→ Share（分享）。

☑ KEY WORD

數位破壞（digital disruption） P161

傳統的商品、服務轉變成創新的新東西。disruption 是「破壞」的意思。如同網路出現使得生活型態完全改變，是一種強大的創新。現在社群媒體普及，不倚靠大眾媒體也可進行有成效的宣傳，也是一種例子。

☑ KEY WORD

飛輪結構 P165

不同於傳統行銷的漏斗式概念（漏斗結構＝顧客往下落、逐漸減少），這種結構是透過 UGC（一般用戶生成的內容）和擴散，讓商業的循環不斷轉動，有如飛輪般的結構。活用 UGC 提升認知度，將其當作原動力轉動循環。

☑ KEY WORD

CVR P167

指轉換率、成果達成率、顧客轉換率，顯示達成設定目標的成果（購買商品、申請率等）的比例。這個指標顯示造訪官方帳號的用戶之中，有多少人登錄成朋友。掌握、分析 CVR 的狀況，能夠掌握課題和改善點。

☑ KEY WORD

動態內容 P171

指除了文字和靜止圖片，引入影片、動畫、聲音、音樂等，讓觸及到的用戶有所體驗。可將複雜的商品資訊、自家公司服務的氛圍、形象等難以形容的表現，更直觀、有效地傳達給用戶。

☑ KEY WORD

探索頁面 P172

指點擊 Instagram 的放大鏡圖示後可開啟的頁面。在搜尋欄位輸入關鍵字，能夠搜尋主題標籤、用戶、場所等，基於用戶行動顯示推薦的內容。鎖定對潛在顧客推銷的情況，用探索標籤的廣告效益高。

Chapter 7

SNS marketing
mirudake note

任何人都會遇到
炎上風險

經營社群行銷時，任何人都無法避免遇到炎上。無論是多
有知名度、追蹤人數多的企業帳號，都有不少遇過炎上的
痛苦經歷。本章將講解該怎麼做才能避免炎上發生。

Twitter Instagram Facebook TikTok YouTube LINE Pinterest

01 引起炎上的五個階段

「炎上」是指以發表的文章招致批評的留言為開端，如滾雪球般大量不斷湧入負評的情況。發生的過程，可分為五個階段來看。

炎上的階段 1，就是發生炎上事件。不過包含負責人在內，做夢也沒料到在這個階段渺小的火種會演變成炎上。階段 2 是湧入越來越多留言。在社群上對於炎上事件發表批判性的文章，而注意到這些文章的部分用戶開始發文、分享或轉推等。在階段 3，更有影響力的網紅有所反應，如參與討論，進而擴散給各自的追蹤者。到了階段 4，來到這個階段，會被網路新聞和各大媒體報導。

炎上逐漸擴大的圖示

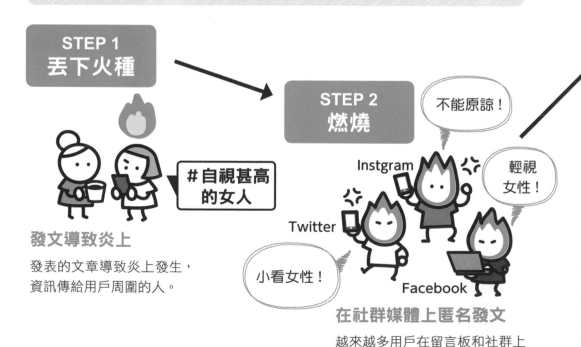

STEP 1 丟下火種

#自視甚高的女人

發文導致炎上
發表的文章導致炎上發生，資訊傳給用戶周圍的人。

STEP 2 燃燒

不能原諒！

輕視女性！

小看女性！

Instgram

Twitter

Facebook

在社群媒體上匿名發文
越來越多用戶在留言板和社群上匿名發文，在社群上議論紛紛。

接著在階段5，透過網路新聞知道的不特定多數的用戶一一發表意見，這些意見成為燃料，變成無法控制的狀態。接著電視等大眾媒體也會競相報導，一般人就都知道炎上事件了。

失去信任只要一瞬間，恢復信譽卻需要漫長的時間。實際也曾發生過，以一則文章內容成為炎上的開端，這種狀況不僅損害企業形象，也對財務帶來莫大的損失。而且不論是在網路還是現實，由於被人注意到有問題的事件發生炎上，因此有時會被挖掘出過去沒有被注意到的錯誤，或在炎上期間被挖出過去的問題事件，使得炎上加速、越燒越旺。

STEP 3 擴散

網紅談論

由於網紅談論，被更多人注意到。

STEP 4 網路媒體

各大媒體、網路新聞

在網路社會上越來越多人關心

被刊登在社群平台以外的地方，更多人參與議論。

事件難以平息！

STEP 5 大眾媒體

社會全體關心

被影響力大的大眾媒體報導，發展成社會大眾關心的事件。

Twitter Instagram Facebook TikTok YouTube LINE Pinterest

02 容易引起炎上、應當避免的話題

事先知道平常在社群媒體上發文時,必須注意何種話題,是不引發炎上的一種自保策略。

根據令和元年(2019 年)日本總務省的《資訊通訊白皮書》,網路上一年內(2015 年)發生超過 1000 件的炎上,並且有增加的趨勢。每年 1000 件,表示每天有 2 ～ 3 件的炎上發生,可見炎上發生的狀況比預期還要更加頻繁。

成為**炎上原因**的貼文內容都各不相同。例如,曾有人留言批評商品及服務,獲得其他用戶認同而被大量擴散,導致炎上。也曾有人犯下低級失誤,即不小心留言或未切換個人帳戶等情況,造成發表不妥善的內容,而被逼著謝罪。

什麼事情容易炎上?

談論「家人、夫妻的相處模式」

稱讚專職主婦做家事?

給努力養兒育女的媽媽

必須考慮到各種不同狀況的人,如懷孕、育兒、看護、照護等。

觸及性別、種族歧視

女性應該穿高跟鞋?

穿高跟鞋是義務?歧視女性吧?

廣告和推銷強調女人和男人的傳統形象,容易引起社會問題。

另外也有員工粗心的貼文造成顧客的個人資訊外流，大量湧入侵犯隱私等批評的案例，以及發表在店鋪惡作劇的照片及影片，而一時被媒體大肆報導、蔚為話題的情況。用戶將廣告表達的含意認知為相異的內容而留言批評，造成炎上的案例也不少見。

對於 LGBT 等少數性取向族群的歧視、種族歧視、性別角色分工、可能觸及騷擾的話題等**敏感的問題**也應該特別留意。關於政治、宗教、戰爭，和發生大規模災害時也要注意。理解為在現實社會中想和顧客進行良好的交流時，不適合當作內容的話題就避免發表在社群上即可。

one point

大型災害時必須格外留意發表內容。由於用戶變得比較敏感，不小心講錯一點話和插圖都有可能發展成炎上。

牴觸衛生

近幾年有打工店員發佈「進入店內冰箱」的影片並擴散，在國內外都成為一大問題。

醜聞、樣品、服務的欠缺

由於社群媒體的普及，購買同樣商品的用戶容易建立相同的認知。

年菜不豐盛！

公司出面道歉！

食材造假！

年菜被客訴了

商品有異物…

我道歉，但是不回收

隱蔽事實！

不主動回收嗎？

「我進入店內的大型冰箱裡」

Twitter | Instagram | Facebook | TikTok | YouTube | LINE | Pinterest

03 發生炎上時的應對？

實際上遇到炎上時，該如何應對才是正確的？遵循炎上的階段作應對行動的演練，也必須知道事後的應對策略。

一般的炎上，是在網路上或對自家公司客服的**客訴**急遽增加而開始的。是否能在這個時間點盡早察覺，採取合宜的因應對策，是能夠克服炎上的關鍵。因為越晚發現炎上的火種，炎上就會越燒越旺，甚至接近無法控制的狀態。在越早的階段，找出炎上的事件並採取應對，如果判斷客訴的內容合情合理的話，那就快點道歉吧！在社群媒體和自家公司網站上發表文章道歉，若有必要最好也透過大眾媒體道歉。

如果發生炎上的話…

one point

為了讓粉絲在炎上時也會支持自己，平常就必須建立與粉絲的信任關係。建議發表有親切感、給人感同身受的文章。

早期發現（辦公室）

24 小時確認體制　　呈報上級並確認事實

由於早期發現與應對是關鍵，因此必須決定監控社群和炎上時平息事件的負責人。

事件發生

- 客服一天收到 10 件以上的批評
- 在網路上抨擊企業的言論急遽增加

批評的對象，有公司、關係企業、員工的發文和社群外的行動，也有用戶發文的情況。

如果判斷客訴的內容不合理，就用自家公司一貫的主張，始終用堅定的態度面對。如果途中改變主張而謝罪的話，炎上將燒得更旺，要慎重地討論應對。而無論客訴合不合理，都要注意不可以反駁、批評消費者。

另外，炎上有四種情況。分別是企業在網路和現實的情況、員工在網路和現實的情況，以及**假新聞**，和始於誤解、揣測文章的情況。若起因為誤解、謠言，即使企業再怎麼小心也會出現炎上，因此擬定炎上的因應對策時，應該以牽扯到任何人也無須吃驚的態度處理。

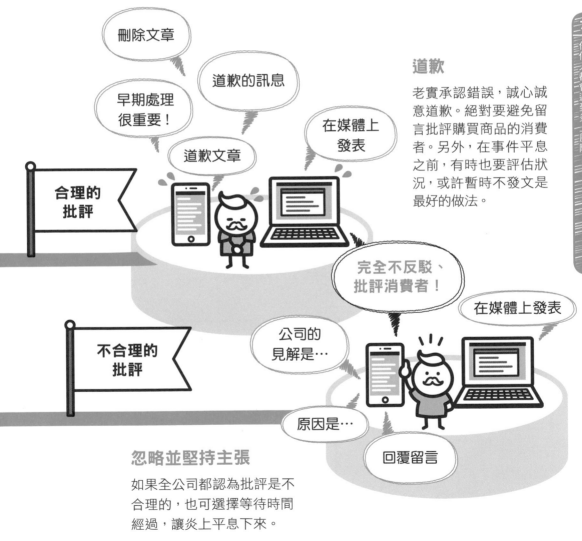

刪除文章

道歉的訊息

早期處理很重要！

道歉文章

在媒體上發表

合理的批評

道歉

老實承認錯誤，誠心誠意道歉。絕對要避免留言批評購買商品的消費者。另外，在事件平息之前，有時也要評估狀況，或許暫時不發文是最好的做法。

完全不反駁、批評消費者！

在媒體上發表

不合理的批評

公司的見解是…

原因是…

回覆留言

忽略並堅持主張

如果全公司都認為批評是不合理的，也可選擇等待時間經過，讓炎上平息下來。

Twitter | Instagram | Facebook | TikTok | YouTube | LINE | Pinterest

04 從今天著手炎上預防對策

為了順利經營官方帳號,必要的條件是理解炎上的發生機制,擬定預防策略。本節將解說社群帳號負責人與整體組織的對策。

為了防範未然炎上,首先組織全體要作好**確認體制**。除了負責人,也要配置有客服經驗、能夠細心檢查內容的人才,調整成能夠雙重確認貼文的體制。

負責人所需的策略,就是徹底執行**事實查核**確認資訊是否正確,避免發佈無法查證真偽的資訊。而且,負責人必須隨時留意社會輿論動向,努力蒐集情報,

防範炎上的四個程序

程序 **1**　全公司一同重視
強化雙重確認的體制,萬一發生炎上,事先決定好應對圖與負責人。

程序 **2**　社群負責人將事實調查清楚
確認事實最重要。電話詢問,或上可信任的官方網站查詢,弄清楚資源內容。

請作雙重確認

為了有個萬一,任命負責人

詢問實體店鋪的店長

訂定公司政策

我想詢問○○這件事…

PC

當發生重大事件或災難時，為了不被誤解為人道主義問題，發佈文章時必須比平時更加小心謹慎。如「容易引起炎上、應當避免的話題（參考第182頁）」所述，不去談論到信仰、想法和立場劃分等諸如此類意見分歧的敏感問題，也是必要的自保對策。

接著，訂定組織使用社群媒體的指南，明確指標，讓全體員工遵守。同時，在教育訓練時提到炎上，教育員工不在社群媒體上發佈業務上得知的資訊，並讓員工瞭解曾發生過的炎上案例，若發生炎上，不僅會影響公司，也會讓自己受害。在指南上，必須規定官方帳號與員工個人私底下的帳號雙方的相關事項。

程序 3　社群負責人對話題及時勢要敏感

文章主題避免反映員工個人的看法和主張。也要考量發文的時機。

one point

關於使用社群的規範，共同理解公司政策的和訂定指南，可有成效預防炎上。

程序 4　全體員工銘記於心

避免忘記切換個人帳號與企業帳號，或資訊公開日之前不小心流出情報，全體員工要意識運用的方法。

05 炎上商法負面的理由

「炎上商法」是指刻意引起炎上而獲得許多人關注。若是考量到失敗時會帶來的損害，那麼為了獲得關注而引起炎上的風險就太高了。

在社群媒體上發表文章令許多用戶感同身受，被分享、轉貼傳播而出，若正面的意見擴散，將有助於商品和企業形象的提升。相對地，若為負面的意見，發生炎上則會帶來莫大的損害。若為私人帳號，或許就只是當事人的問題，但若為企業的情況，用**炎上商法**吸引群眾的目光是沒有用的。由於聚集而來的用戶不會成為公司顧客，不會帶來商機，也無法衡量形象變差等損害的規模。炎上

什麼是炎上商法？

炎上與擴散有何不同？

「擴散」是指讓更多社群媒體用戶看到貼文。其中負面的資訊廣為流傳、招致批評的情況就叫做炎上。

> 就算將年輕人視為社群的想法

> 該怎麼做才能改變形象呢？

> 差不多該換個包裝了

> 不過這是上市 40 年的長銷商品喔

> 但是年輕人不買⋯

以日本國旗圖案包裝的餅乾最近被年輕人說很俗氣。

one point

炎上也有益處。不管怎麼說總之就會擴散、被熱烈談論，若只看話題性，也有正面的成效。

商法雖然不需花費廣告費之類的經費就能在短期內提升知名度，相對的也會讓形象跌落谷底、引起股價下跌或破產等對公司不好的影響。

不過，炎上商法也有如羅馬尼亞零食的成功案例。這種零食包裝是國旗的設計，長年受到人民喜愛，不過近幾年被認為俗氣而越來越不受歡迎。為了重新來過，廠商將羅馬尼亞國旗的設計換成美國國旗，刻意大肆宣傳而讓人民炎上。如廠商所預期，湧入許多批評，四處炎上，吸引許多人注意。之後一個晚上就將包裝恢復成羅馬尼亞國旗，發表只是個玩笑。一連串的推廣活動奏效，市場的佔有率和品牌形象都飛躍性增加了。但這種做法需要縝密的行銷策略，是少數的成功案例。因此不建議隨意使用炎上商法。

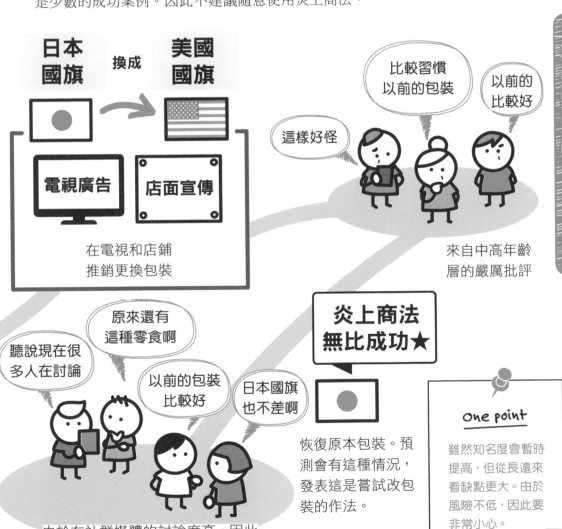

日本國旗 換成 美國國旗

電視廣告　店面宣傳

在電視和店鋪推銷更換包裝

這樣好怪
比較習慣以前的包裝
以前的比較好

來自中高年齡層的嚴厲批評

聽說現在很多人在討論
原來還有這種零食啊
以前的包裝比較好
日本國旗也不差啊

炎上商法無比成功★

恢復原本包裝。預測會有這種情況，發表這是嘗試改包裝的作法。

由於在社群媒體的討論度高，因此年輕人知道了。知名度提高了。

one point

雖然知名度會暫時提高，但從長遠來看缺點更大。由於風險不低，因此要非常小心。

column

建議牢記的

社群行銷用語集 ⑦

☑ **KEY WORD**

炎上　　　　　　　　　　　　　　P180

如火焰燃燒般湧入批評留言的狀態。這是經營社群帳號時擔憂的事故，應該在事前準備萬全因應方法和預防策略。雖然 Twitter 等高匿名性的社群有擴散力強大的益處，另一方面也有容易炎上的壞處。

☑ **KEY WORD**

性別角色分工　　　　　　　　　　P183

指應該透過能力、經驗分擔工作的情況，卻用性別分工。在性別問題的意識增加的社會中，「丈夫工作，妻子負責家事和育兒」、「男性負責主要工作、女性輔助工作」等傳統觀念的偏頗思維，在社群以外也很有可能飽受批評。

☑ KEY WORD

敏感的問題   P183

指應該謹慎處理的話題，如對於少數性取向族群的歧視、種族歧視，以及性騷擾、職權騷擾、懷孕歧視等觸及騷擾的話題，還有政治、思想、宗教、歷史、文化、戰爭、災害的相關話題。別輕易在社群媒體上提到這類敏感問題才是上上之策。

☑ KEY WORD

假新聞   P185

雖然自古以來就有「匿名文件」無憑無據毀謗攻擊政治家或權力者，或基於某種企圖扭曲事實的「造假新聞」，不過網路社會的謠言和謊言等假造的資訊也增加了。就算是假新聞也有害處，認為是真實的人仍會透過社群媒體將資訊擴散而出。

☑ KEY WORD

確認體制   P186

指驗證行動、驗證事實，以及確認事實。由於巧妙的假新聞就像事實一樣，為了識破虛假，要確認資訊來源，重要的是避免囫圇吞棗社群上的資訊，盡可能自己調查。若災害或傳染病等混亂的情況，謠言格外容易傳播，必須特別小心。

☑ KEY WORD

炎上商法   P188

指刻意發佈容易引起問題的資訊來造成炎上，並利用在行銷上的作法。炎上的擴散的確能在短期內就吸引關注，可預期會提升知名度。但是傷害也會很大，有時還可能會失去社會大眾的信任、有損品牌形象，甚至演變成拒買運動、被要求停止生產的窘境。

Chapter 8

SNS marketing
mirudake note

社群媒體運用的
超基本方法

在本章，將舉例實際用在社群行銷的知名社群媒體，說明
特性和運用方法。請記住選擇的社群媒體要符合自己的事
業和經營目的，才能得到更有成效的行銷。

01

Twitter　Instagram　Facebook　TikTok　YouTube　LINE　Pinterest

Twitter 可接近
目標客群訴求

在 Twitter 上，經常活用高擴散性進行轉推和宣傳活動。運用
Twitter 分析，也能應用在更有成效的行銷策略上。

根據 2020 年的官方公布數據，**Twitter** 在日本每個月的活躍用戶人數高達 4,500 萬人。能夠匿名發推文，擴散性非常強大。由於快報功能強大，能夠即時獲得最新的資訊，因此在新冠肺炎疫情期間，使用率比起其他社群媒體更高。另一方面，當話題偏往負面方向時，發生炎上的風險也特別高，因此運用帳號時必須特別注意。

由於用戶平時會用**關鍵字搜尋**、**轉推**和主題標籤，這些功能的擴散性很好，因此許多企業都會在此作新商品的宣傳及廣告活動。從 Twitter 開始，不僅能傳

Twitter 的特色

較多 20 多歲的年輕人
日本用戶數約 4500 萬人。以 20 多歲的年輕用戶為主，也有人持有多個帳號。

高即時性
Twitter 是最方便知道「現在」的社群。只要使用搜尋功能就能夠直接查閱幾秒前的推文。

高擴散性
文章字數上限 140 字，容易理解重點，透過轉推和按「讚」也容易擴散給追蹤者以外的用戶。

匿名容易炎上
由於是匿名平台，能夠毫不猶豫發表想法和意見。也是企業難以做品牌管理的原因之一。

播到 LINE、Instagram 等其他社群媒體，成為話題的商品被大眾媒體報導，也能進行大範圍的推銷。用戶以 20 多歲居多，平均年齡 35 歲，適合在此行銷的商品是速食或能在便利商品購買的商品。也適合經常蔚為話題的次文化，如動畫、電玩遊戲、漫畫的宣傳。

從用 Twitter 分析獲得的推文閱覽次數等資訊，可探討文章內容的方向，有助於更有成效地施行策略。同時在 Twitter 上，企業也可積極支援顧客，例如搜尋用戶的推文找出問題。

Twitter 的活用方法

便於將口碑當作起點

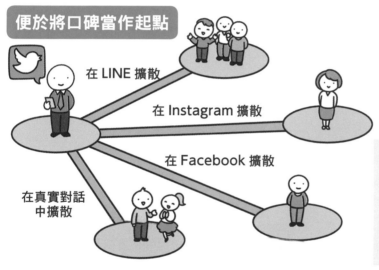

在 LINE 擴散

在 Instagram 擴散

在 Facebook 擴散

在真實對話中擴散

容易往外部推銷
經常有 Twitter 上的資訊擴散至媒體的情況。由於驗證度高、容易吸引用戶注意，適合用來製造話題。

能夠積極提供支援

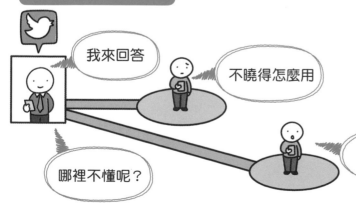

我來回答

不曉得怎麼用

哪裡不懂呢？

不曉得怎麼用 A 公司的商品

便於支援用戶
不僅能聽見對商品真實的意見，比起官方網站的專欄和郵件，能夠以更親近的立場支援用戶。

Twitter | **Instagram** | Facebook | TikTok | YouTube | LINE | Pinterest

02 Instagram 可最大限度活用視覺

Instagram 的特色是圖片和影片，在重視視覺的業界經常被使用。也有許多企業活用在品牌管理上。

Instagram 在日本每個月的活躍用戶人數有 3,300 萬人，近幾年用戶人數顯著增加。觀看圖片和影片而帶來視覺上樂趣的貼文儼然已成為話題，「**IG 美照**」也成為流行語。不僅有上鏡頭的美照可看，隨著用戶增加，實用性的資訊也增加，特別在日本經常有用戶用限時動態發文。由於有許多 20 ～ 40 歲的女性用戶，因此 Instagram 行銷特別適合用在女性的商品和服務。其他適合行銷的領域還有時尚、料理、旅行等興趣。

Instagram 的特色

受 20 多歲女性歡迎
日本用戶數突破 3300 萬人。原本是 20 多歲女性最常用，最近也越來越多 30 ～ 40 多歲的用戶。

視覺媒體
由於主要是照片和影片，適合用在追求品牌管理和有視覺訴求商品的推銷。

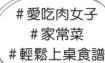

#愛吃肉女子
#家常菜
#輕鬆上桌食譜

用主題標籤擴散
用主題標籤擴散受歡迎的內容和季節話題。也可追蹤主題標籤本身。

搜尋圖片的場域
特色是能夠搜尋人氣貼文和最新貼文，成為清單顯示。如果排在前面，閱覽數會更多。

適用於 Instagram 行銷的廣告商品，有適合年輕女性的時尚配件、美食、美妝用品等。由於這個族群特別有重視視覺的傾向，因此發表上鏡頭、高品質的照片和影片，在行銷上可帶來成效。持續發表高品質的貼文，用戶很有可能成為自家公司的粉絲。

另外，用戶看見有興趣的內容就會用主題標籤進行搜尋，而且日本的搜尋數是全球平均值的三倍，活用主題標籤可說是 Instagram 行銷的必要事項。使用多個目標客群可能搜尋的主題標題，能夠增加與用戶接觸的機會。

Instagram 的活用方法

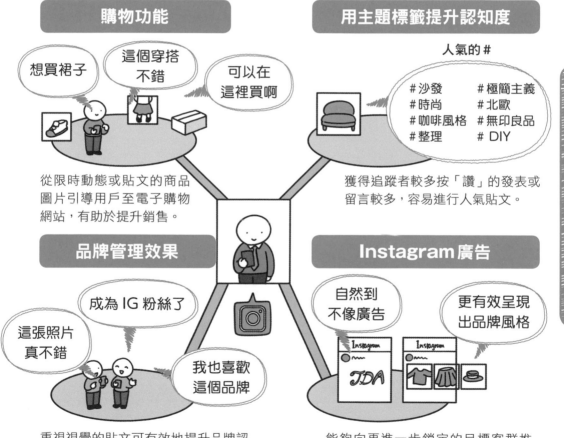

購物功能

想買裙子

這個穿搭不錯

可以在這裡買啊

從限時動態或貼文的商品圖片引導用戶至電子購物網站，有助於提升銷售。

用主題標籤提升認知度

人氣的 #

\# 沙發　　\# 極簡主義
\# 時尚　　\# 北歐
\# 咖啡風格　\# 無印良品
\# 整理　　\# DIY

獲得追蹤者較多按「讚」的發表或留言較多，容易進行人氣貼文。

品牌管理效果

成為 IG 粉絲了

這張照片真不錯

我也喜歡這個品牌

重視視覺的貼文可有效地提升品牌認知度。比起數量更重視品質，為了被分享出去，要讓用戶喜歡貼文。

Instagram 廣告

自然到不像廣告

更有效呈現出品牌風格

能夠向更進一步鎖定的目標客群推銷。用照片容易建立形象也是重點。

Twitter　Instagram　**Facebook**　TikTok　YouTube　LINE　Pinterest

03 Facebook 可提供 高度信任且高品質的資訊

Facebook 是全球用戶最多的社群媒體，日本每月的活躍用戶人數有 2,600 萬人。原則上是實名登錄，建立實際生活的關係。

Facebook 是全球用戶最多的社群媒體。日本每個月的活躍用戶人數有 2,600 萬人。由於在國外有壓倒性的市占率，是在國外發展的企業打入市場時所需的社群媒體。原則上是實名登錄，可建立接近現實生活交友關係的人際關係，因此是高信任性的平台。雖然與 Twitter 相比，擴散程度並不高，不過由於難以發表攻擊性的留言，較不會炎上，因此有許多企業用來作品牌管理。

Facebook 的特色

主要用戶為 30 多歲男女
雖然 30 多歲的用戶較活躍，也有許多 20 多歲和中高年的用戶，可接觸到廣泛的年齡層。

可以加你 Facebook 好友嗎？

商業度高
比起其他社群，商務人士的活躍用戶壓倒性的多。高信任度，以超過 24 億人用戶數為傲。

居住地○○

內容豐富
文字、照片、影片等，能夠組合不同的內容向用戶推薦自己。

學歷△△

目標客群精準度高
建立帳戶時需要本名、生日、性別。另外，居住地、學經歷等可隨意登錄。

特色是發表有高自由度，發表字數多、也能夠上傳圖片或影片，也可當作徹底落實品牌管理上不可或缺的形象策略，即概念的場域。另外，**Messenger** 的訊息以及可對貼文留言的功能都很充實，因此容易交流，適合當作培養粉絲的場域。許多商務人士都有在用 Facebook，也可當作與同事、上司、客戶產生連結的社群媒體。雖然主要的用戶是 20～30 多歲，不過和其他社群媒體不同，也有許多 40 多歲以上的用戶，因此也很適合推銷以高年齡層為目標客群的高品質、高價商品或服務。另外，與休閒娛樂設施、運動相關產品這類有核心粉絲的商品和業界，相對而言，親和度較高。

Facebook 的活用方法

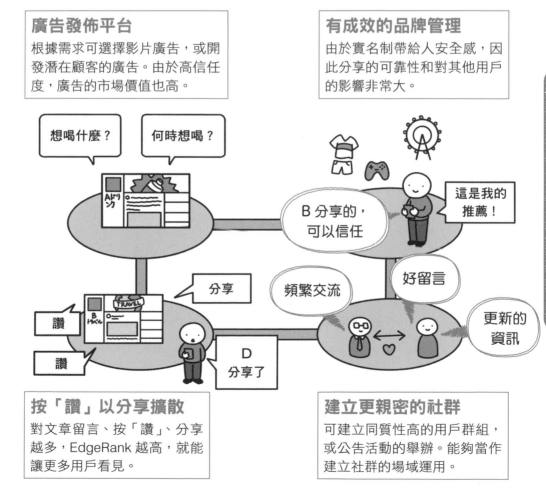

廣告發佈平台
根據需求可選擇影片廣告，或開發潛在顧客的廣告。由於高信任度，廣告的市場價值也高。

有成效的品牌管理
由於實名制帶給人安全感，因此分享的可靠性和對其他用戶的影響非常大。

按「讚」以分享擴散
對文章留言、按「讚」、分享越多，EdgeRank 越高，就能讓更多用戶看見。

建立更親密的社群
可建立同質性高的用戶群組，或公告活動的舉辦。能夠當作建立社群的場域運用。

04

Twitter　Instagram　Facebook　**TikTok**　YouTube　LINE　Pinterest

TikTok 就像廣告短片

TikTok 來自中國，可在這個平台發佈、分享原則上 15 秒的短片。
以方便當作優勢，受到年輕人的喜愛，作為行銷方法也不容忽視。

雖然影片需要拍攝和剪輯等作業，難度較高，不過 **TikTok** 的興起，變得在手機上可立即製作影片，讓任何人都能夠輕而易舉地發佈影片了。10 多歲的年輕族群非常喜愛用 TikTok，他們透過上傳、分享影片而發揮高擴散力，對喜愛的用戶會有高互動率。若目標客群的年輕族群壓倒性的多，推廣時可最大限度發揮 TikTok 的魅力。不管是什麼樣的**短片**，最重要的就是要有臨場感、親近感。如果影片能夠「打動人心」，可期待以低成本就能夠提升認知度、集客等層面的效果。

TikTok 的特色

獲得 10 多歲女性支持
2019 年，TikTok 全球的用戶數超越 Twitter。在日本獲得 10 多歲女生的青睞，半數女中學生都有在用。

種類多樣
從受女性歡迎的說明類影片，如美妝、料理，到電玩、運動等，影片種類多元豐富。

高擴散性
特色是就算知名度低，只要按「讚」的數量夠多，系統就會推薦給用戶，對於一般用戶的曝光機會較大。

AI 的功能
獨自開發的演算法，精準命中用戶的喜好。推薦的吸引力強大。

短片最大的特色，就是可超越語言的隔閡，欲在海外推廣的情況也能夠活用。特別在亞洲諸國有許多 TikTok 的用戶，挑戰海外行銷時，也可以低成本輕易實行。

TikTok 的操作方法簡單，能夠只看見想看的影片，由於 AI 會推薦喜歡的影片，這種機制會讓用戶不禁一直看下去。影片上有分享按鈕，能夠分享至其他社群媒體，有助於提升追蹤人數。同時，在 TikTok 上也習慣用主題標籤搜尋，需要下一番功夫才能讓主題標籤的字詞進入流行趨勢。

TikTok 也能對追蹤者以外推薦

為什麼 TikTok 的追蹤者容易增加？

TikTok

透過獨特的演算法，就算追蹤人數不多，只要按「讚」越多就越容易擴散。

Facebook **Twitter** **Instagram**

許多社群媒體，都是追蹤人數越多的用戶文章，越容易擴散。

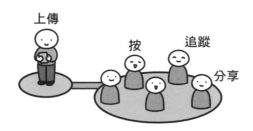

用手機可輕鬆拍影片

① 研究
從推薦、主題標籤瞭解按讚的人氣動向和流行趨勢。

② 製作
只用智慧型手機就能輕鬆拍片、發佈影片。

③ 與其他社群媒體同步
將 TikTok 當作起點，擴散到其他社群上。

④ 利用廣告
讓用戶參與、用主體標籤挑戰企業的合作企劃。

來留言吧

來分享吧

讚

05

Twitter Instagram Facebook TikTok YouTube LINE Pinterest

YouTube
以世界級分享數為傲

根據官方公布的資訊，YouTube 在全球有 20 億人用戶的巨大影片發佈平台。而在社群行銷上，又該如何活用這個平台呢？

YouTube 的全球用戶人數僅次於 Facebook，全球總計的每日收看時間為 10 億小時，收看次數為數十億以上，據說現在還在成長。發佈影片在 5G 時代越來越重要，這種社群行銷，與其他社群媒體的策略一樣，因應目的施行策略的成效不錯。例如，若想增加自家公司粉絲的情況，可大量發表容易在用戶間引起話題的影片，在留言欄與粉絲交流，活用在建立關係上。

YouTube 的特色

以 20 ～ 30 歲族群為主的各個年齡層

雖然也有許多 40 ～ 50 多歲的活躍用戶，不過也受到 20 ～ 30 多歲廣泛年齡層的支持。

多樣性的頻道

從高娛樂性的影片，到高專業性、學術性的影片，影片內容豐富。

通勤中的使用者激增

在通勤中看影片的年輕人、中高年齡層有增加的趨勢。在早晚的通勤時段播放廣告的效果不錯。

比起電腦，更常用手機

比起電腦螢幕，更多用戶用手機的小螢幕收看。建議思考適合在手機上觀看的尺寸和展現方式。

如果想對難以用電視廣告吸引的年輕族群推銷，也能夠將廣告上傳至自家公司的頻道，或發表製片過程、宣傳影片或貼身取材風格影片等方法。其他還有各式各樣的方法，如為了招募理想的人才而上傳介紹公司的影片、各種研討會、講座等，或刊登顧客的訪問影片等。重要的是符合自家公司行銷目的，選擇確實的策略實施。

許多企業都有開設**官方頻道**，且 YouTube 與遊戲、動畫相關的娛樂類型的影片契合度佳，盛行上傳影片。在高專業性的業界，提升影片品質的重要性也不容忽視，不過該重視的地方，在於公開一般人無法得知的現場或開發過程的影片等內容是否能引起用戶的注意。

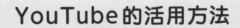

YouTube的活用方法

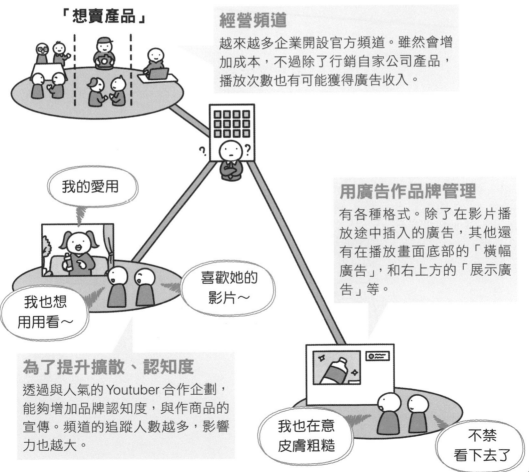

「**想賣產品**」

經營頻道
越來越多企業開設官方頻道。雖然會增加成本，不過除了行銷自家公司產品，播放次數也有可能獲得廣告收入。

我的愛用

我也想用用看～

喜歡她的影片～

用廣告作品牌管理
有各種格式。除了在影片播放途中插入的廣告，其他還有在播放畫面底部的「橫幅廣告」，和右上方的「展示廣告」等。

為了提升擴散、認知度
透過與人氣的 Youtuber 合作企劃，能夠增加品牌認知度，與作商品的宣傳。頻道的追蹤人數越多，影響力也越大。

我也在意皮膚粗糙

不禁看下去了

Twitter Instagram Facebook TikTok YouTube **LINE** Pinterest

06

LINE 的日本用戶人數第一，是現代版電子報

LINE 用戶的年齡層廣大，從 10 ～ 50 歲以上，能夠免費通話並建立群組交流。首先盡力獲得好友吧。

LINE 在社群媒體中的國內用戶數不僅人數多，更有高達 85％的活躍用戶。傳統的行銷上，**名冊行銷**的主流是用電子報，不過最近越來越多企業用 LINE 官方帳號發送訊息。由於在 LINE 官方帳號發送的訊息可設成推播通知，因此沒有電子報「送不到、沒人讀」的問題，可直接對「好友」用戶傳達資訊和通知內容。

LINE 的特色

日本使用人數最多的通訊軟體

日本的用戶數高達 8600 萬人（2020 年 10 月），從幼童到老年人，廣大的世代都有在用。

用企業貼圖推銷自己

製作符合企業形象的貼圖。許多企業在用戶追加好友時會免費贈送貼圖。

有聊天與貼文串功能兩種

在聊天室單獨與顧客建立關係，以及在貼文串上對多數人發佈資訊，是兩種代表性的功能。

許多活躍用戶

每日使用的活躍用戶比例有 85％，與其他社群媒體相比，使用率壓倒性的高。

用 LINE 作行銷時，一開始的課題便是好友人數，擬定對策實施時要致力於獲得官方帳號的好友。為了增加好友人數，除了在店鋪可用廣播、傳單、海報、單據等告知，或在自家網站上設置 **QR code**、**加好友按鈕**，企劃將追加好友設成條件的宣傳活動也很有成效。

一般而言，雖然好友越多，推廣的成果率也會上升，不過透過宣傳活動好友人數急增的情況，在結束後被封鎖的案例也有越來越多的傾向。對策方面，在官方帳號的訊息上，比起自家公司想要傳達的資訊，更要著重用戶想看的內容、引導用戶想要的資訊等，傳達用戶想知道的事。為了不被封鎖，促進交流是很重要的。

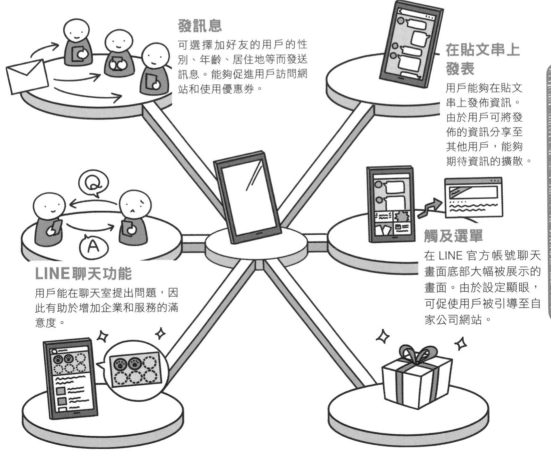

LINE 官方帳號

發訊息
可選擇加好友的用戶的性別、年齡、居住地等而發送訊息。能夠促進用戶訪問網站和使用優惠券。

在貼文串上發表
用戶能夠在貼文串上發佈資訊。由於用戶可將發佈的資訊分享至其他用戶，能夠期待資訊的擴散。

觸及選單
在 LINE 官方帳號聊天畫面底部大幅被展示的畫面。由於設定顯眼，可促使用戶被引導至自家公司網站。

LINE 聊天功能
用戶能在聊天室提出問題，因此有助於增加企業和服務的滿意度。

集點卡
能夠在 LINE 上製作、發行集點卡。由於不太會被忘記，因此有助於反覆購買。

優惠券、抽籤功能
可在店鋪使用的優惠券、送獎品的抽籤功能。藉由確認促進用戶造訪店面、優惠券的使用程度，能夠測量成效。

Twitter Instagram Facebook TikTok YouTube LINE **Pinterest**

07 吸引重視設計感族群的 Pinterest

Pinterest 能夠保存喜歡的圖片和影片,收藏自己中意的內容,作為搜尋圖片的場域,可將這種功能列入行銷策略之中。

在 **Pinterest**,一般的使用方式是將有興趣、關注的圖片保存至圖板(board),依據種類命名,製作自己的收藏而分享。與同樣以圖片為主的 Instagram 的不同之處在於,Instagram 除了限時動態以外,無法引導用戶前往外部網站;Pinterest 的相對優勢在於大部分圖片都是網站上的資源,因此容易引導用戶前往外部網站。同時,Instagram 的用戶取得認同的欲望強烈,而 Pinterest 用戶之間的連結力薄弱,是追求自己嗜好的地方。從收藏的圖片

Pinterest 的特色

對流行敏銳的人
雖然在日本的知名度不高,但擁有越來越多對品質和流行敏銳的女性用戶。

觸及女性偏好的領域
旅行、室內裝潢、料理、育兒、時尚等,滿足女性想吸收最新資訊的需求。

內容長壽型
大多做為搜尋圖片的領域使用,特點是可以長期保存內容。

可引導用戶前往網站
不僅應用軟體,網站上的圖片也能上傳,因此容易將用戶引導至外部網站。

刺激購買欲而購買的行動也很常見。而在 Pinterest，會顯示與 pin（釘選）的圖片類似的釘圖，或推薦的圖片被 repin（轉圖）等，這些功能都能讓圖片容易擴散。

為了被擴散，必須要擬定增加圖片觸及率的策略。附上合適的文字，強化關鍵字搜尋以吸引用戶。讓用戶注意到自己的存在，可用 **repin** 功能（將其他用戶發表的圖片張貼在自己畫面上）通知追蹤者。而活用讓其他用戶參加的「**群組圖板**」，可提升用戶的忠誠度。雖然男性用戶有在成長，不過資料顯示仍以女性用戶為主，因此適合的廣告商品是女性市場的時尚、美容、旅行、美食等。

Pinterest 的活用方法

有機會去旅行吧

在這裡可以買到這件衣服

我想要這種髮型

這種旅行計畫怎麼樣？

想分享

未來
從購物到旅遊計畫，便於收集有關未來行動的資訊。在此也能夠收集靈感。

記錄點子吧

想和朋友交流

想被按讚

想和人交流

啊，這個搭配好棒！

想看這種絕美景色！

過去 不適合當作發佈過去與現在行動的場域。

現在 比起人與人連結的場域，更適合當作觸及不同領域最新資訊的場域。

促進購買
可積極追蹤和 repin，吸引有興趣的目標族群前往電子購物網站。

擴散貼文
比起因分享而擴散，將目標訂為常被系統推薦，提升目標客戶族群的曝光率。

Twitter | Instagram | Facebook | TikTok | YouTube | LINE | Pinterest

08 分析社群媒體

光是運用社群媒體來行銷是不夠的。運用分析工具分析測量的資料，能夠有效率並長期準確的運行。

透過分析，可將用戶真實且即時的反應變換成客觀的資料，將問題、原因、改善處可視化，例如自家公司的目標客群與實際的用戶是否相符等。若能夠基於這些資料加深對用戶的理解，最佳化社群媒體的運用，便可擬定更有成效的策略。Facebook 的分析可用 **Facebook insights**。不僅能夠確認觸及數、互動性、按「讚」的變遷、用戶性質等，還能夠掌握其他競爭公司帳號的情況，和瞭解用戶使用時間的動向等。

為什麼需要分析？

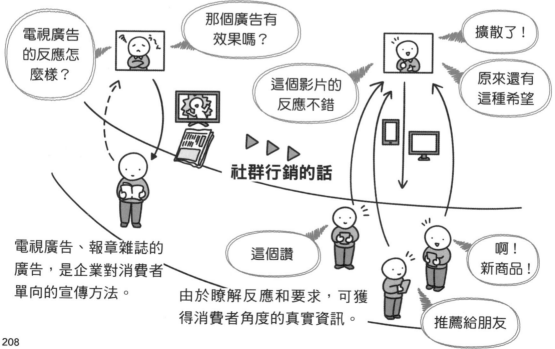

電視廣告的反應怎麼樣？

那個廣告有效果嗎？

擴散了！

原來還有這種希望

這個影片的反應不錯

社群行銷的話

電視廣告、報章雜誌的廣告，是企業對消費者單向的宣傳方法。

這個讚

啊！新商品！

由於瞭解反應和要求，可獲得消費者角度的真實資訊。

推薦給朋友

在 **Twitter Analytics** 的首頁，可查閱過去 28 天績效（performance）的變化，並獲得自家公司帳號的最新概述。還能夠查看推文獲得的曝光率、推文數的變化、跟隨人數的變化等，透過瞭解人氣高和反應不佳的推文等，能夠分析原因。從個人帳號切換成商業帳號就可以使用 **Instagram insights**，可得知曝光數、留言、按「讚」數、觸及和從主題標籤的流入數等資料。

像這樣使用各社群媒體程式的分析工具，透過分析、判斷再次設定的 KPI（參考第 68 頁），擬定將商業導向成功的策略吧！

社群分析的要點

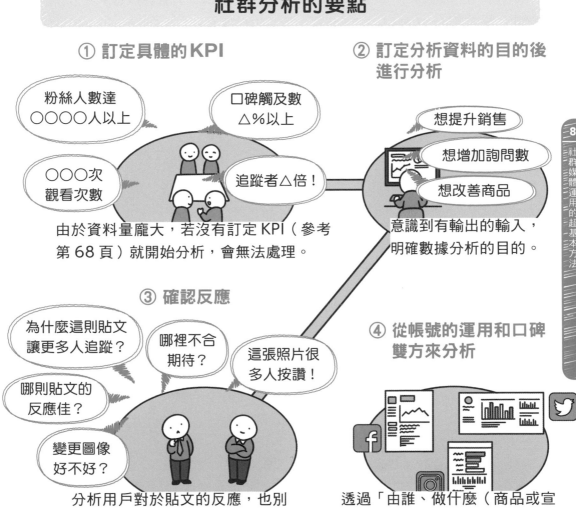

① 訂定具體的 KPI

粉絲人數達○○○○人以上

口碑觸及數△％以上

○○○次觀看次數

追蹤者△倍！

由於資料量龐大，若沒有訂定 KPI（參考第 68 頁）就開始分析，會無法處理。

② 訂定分析資料的目的後進行分析

想提升銷售

想增加詢問數

想改善商品

意識到有輸出的輸入，明確數據分析的目的。

③ 確認反應

為什麼這則貼文讓更多人追蹤？

哪裡不合期待？

這張照片很多人按讚！

哪則貼文的反應佳？

變更圖像好不好？

分析用戶對於貼文的反應，也別忘記觀察其他公司的社群帳號。

④ 從帳號的運用和口碑雙方來分析

透過「由誰、做什麼（商品或宣傳活動）、何時做、如何做」的調查，能夠從不同角度分析。

Twitter Instagram Facebook TikTok YouTube LINE Pinterest

使用社群媒體廣告

社群媒體都有廣告發佈服務,許多企業為了提升知名度、集客而利用。接著來看進行社群廣告時的益處和注意事項。

Twitter、Instagram、Facebook、YouTube、LINE 等社群媒體平台上,都有廣告發佈服務,能夠用文字、橫幅、影片、輪播式廣告(Carousel ads)等各種不同的形式和方法,展示自家公司的商品和服務。Twitter 的流行趨勢和 Instagram 的限時動態等處也有各種廣告的發佈位置,也可選擇合適的地方刊登廣告。在時間軸上刊登,與一般的貼文並列顯示,能夠讓用戶更容易自然地看見。

社群廣告的優點

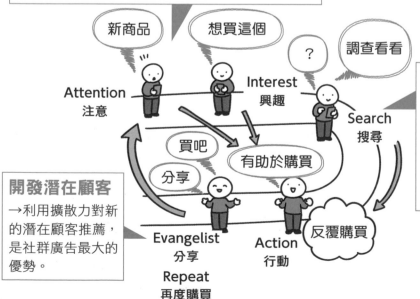

有機會成為顧客的人
→用社群廣告做有成效的推薦,引起用戶的興趣。

現在立刻購買的顧客
→用搜尋連動型廣告(搜尋引擎行銷等),觸及有興趣的目標客群。

開發潛在顧客
→利用擴散力對新的潛在顧客推薦,是社群廣告最大的優勢。

社群廣告的益處，就是基於平台累積的龐大用戶資料，進行年齡、性別到職業、興趣等詳細的目標選擇。為了最大限度活用這種優點，首先決定自家公司發佈廣告的目的，接著必須明訂目標客群、預算、發佈地點。具體而言，能夠獲得的好處有：從社群媒體前往外部自家公司網站的訪客數增加、獲得 CVR、提升企業軟體的安裝數、增加追蹤人數、告知活動而增加參與者人數、增加影片觀看次數等。

需要注意的是，除了避免單純的失誤如設定時弄錯廣告發佈期間，或錯誤的圖片和文字的組合，也要避免發生第七章提到的「炎上」。此外，與其追求眼前的按「讚」數和轉推數，不如依據前述提到的目的去投放廣告。

四大社群廣告的特色

建議牢記的

社群行銷用語集 ⑧

☑ KEY WORD

限時動態 P196

限定時限發表的功能。24 小時後就會自動消失，可帶來限定感（可保存在檔案畫面），也有問卷、直播的功能。可用來作為與追蹤者進行交流，針對粉絲作特別通知之類的用途。

☑ KEY WORD

Messenger P199

Messenger 與 LINE 相同，可免費發訊息、通話、群組聊天。全球用戶超過 13 億人，不必註冊 Facebook 也可以使用。由於透過 Messenger 可直接與用戶交流，這種工具可有效地維持顧客忠誠度。

☑ KEY WORD

短片   P200

說到短片，最具代表性的就是 TikTok，可在這個社群媒體上發表基本
15 秒的短片。另有 MixChannel 的最長 10 秒。如 Instagram 內的限
時動態，其他社群上也有許多人發表短片，由於容易吸引注意，可當作
吸引用戶追蹤的策略使用。

☑ KEY WORD

分享按鈕   P201

除了社群媒體，網路新聞等網站上也經常看見 Twitter、Facebook、
LINE 等社群媒體的分享按鈕。按下此按鈕，可將貼文和內容分享至社群
上，可當作觸及興趣相投用戶的方法。

☑ KEY WORD

官方頻道   P203

自家公司在 YouTube 上的頻道。促進與用戶的交流而建立關係，增加
自家公司的粉絲。加深對企業、經營者的理解，可減少不合適的人才應
徵，當作招募工具是有用處的。除此之外，根據自家公司頻道的用法還
可以擴展市場行銷。

☑ KEY WORD

Twitter 分析   P209

Twitter 提供的免費分析工具。有 Twitter 帳號的人皆可使用。在
Twitter Activity 的管理畫面分析反應良好的貼文，找出共通點，由於
可看見用戶動向等數值，容易有新發現，也有助於用來改善運用方式。

☑ KEY WORD

名冊行銷 P204

這是活用自家公司顧客名冊（個人資訊）的行銷方法。透過顧客與潛在顧客的清單製作，可期待集客效果和銷售的增加。顧客資訊的電子郵件、LINE 的帳號是重要項目，最近比起電子報，運用 LINE 更備受矚目。

☑ KEY WORD

推播通知 P204

在智慧型手機的鎖定畫面中顯示訊息的功能。點擊推播通知可啟動 App，因此容易引導用戶。為了更加提升成效，可指定發佈的目標對象，在使用率高的時間點發佈。

☑ KEY WORD

群組圖板 P207

在 Pinterest 上可以邀請其他用戶（pinner）在儲存圖片和影片的地方—「圖板」共同進行作業。如旅行公司設置旅遊景點的照片發表圖板，室內裝潢公司的用戶發表房間照片的圖板等，最適合用來建立社群。

☑ KEY WORD

Facebook insights P208

Facebook 的分析功能。點擊「insights」後會顯示，能夠確認各種不同分析的資料。例如在「文章」，能夠精確檢查以圖示和清單呈現用戶上線的時段、文章類型、競爭者的人氣發文。

提升績效的工具

介紹各種輔助工具，讓各種社群媒體的運用更加便利。
善加運用這些工具，提升自己的效率吧！

帳戶管理
Hootsuite

能夠在同一個儀表板操作多個社群媒體，可訂定作業的優先順序，有效率地執行。支援 Twitter、Facebook、Instagram、YouTube、Pinterest 等 35 種以上的社群媒體，也能夠在手機上管理。

https://hootsuite.com/

帳戶管理
SocialDog

從 Twitter 的運用到分析，帳號管理到支援。有適用於個人用戶的免費、付費功能，和適用於企業的付費功能。還有預約發文等自動化管理、回追率和追蹤分析，也可以多帳號管理和團隊管理。

https://social-dog.net

帳戶管理
Sprinklr

由於能多個社群媒體整合管理，可預期有效率的運用。在單一平台上，能夠管理的層面涵蓋社群聆聽（social listening）、行銷、調查研究到客服，有助於擬定策略以達成目標。

https://www.sprinklr.com/ja/

✍ Social Mention

可支援超過 100 個社群媒體。在搜尋欄位輸入競爭公司名稱或品牌名稱等關鍵字，就能顯示分析結果。也能夠查閱首位關鍵字、首位用戶、首位主題標籤、文章出處等。

http://socialmention.com

監測

✍ BuzzFinder

適合處理炎上。可分析社群媒體，監測到風險和異狀時用郵件警告。可收到前一天的推文量、話題的郵件，幫助即時掌握情況。

https://www.nttcoms.com/service/scrm/buzzfinder/

設計

✍ Canva

可用拖放功能輕易製作符合場面和目的的文書和設計的設計工具。提供超過 65000 個樣板自由選擇製作。也有 100 萬個以上的照片素材、插畫、圖示和字型可免費使用。

https://www.canva.com/

搜尋資料

✍ BuzzSpreader Powered by クチコミ@係長

只要輸入關鍵字，可從 Twitter、部落格、2channel（譯註：類似台灣的 ptt）等不同的頁面收集、累積的資料進行口碑分析。可用「成分地圖」工具將口碑數的變化、一起用的文字一覽、性質分析等相關資訊以視覺化的方式清楚呈現。

https://service.hottolink.co.jp

📖 Keywordmap for SNS

專門為 Twitter 所設計的分析工具。由於高精準度的自然語言處理，可去除不需要的文字，能夠進行更精準的 UGC 測量。功能有分析帳戶、推文的 AI 分析或判斷感情、找出新詞等。

https://keywordmap.jp/sns/

📖 Boom Research

分析選單達 80 種以上，能夠活用在各種不同的策略實施上，如宣傳活動的效果測量、市場調查等。可支援 Twitter、2channel、部落格、新聞等，是日本最大規模的社群分析工具。

https://boomresearch.tribalmedia.co.jp

📖 Reposta

此分析工具可輸出 Instagram 等運用報告的細節。可免費使用，比 insights 能取得更詳細的資料，還有許多功能都有助於帳號的運用和改善。也搭載了可用適當的主題標籤即可得知的功能。

https://reposta.jp

📖 Social Insight

可用來進行社群媒體上的口碑調查、比較自家公司與競爭對手的帳號、統一管理多個社群媒體帳號等。支援多種社群媒體，如 Twitter、Instagram、Facebook、TikTok、YouTube、LINE、Pinterest、mixi。

https://sns.userlocal.jp/

✐ Insight Intelligence Q

可以依據行銷人員的需求，進行多角度的分析，如分析話題、分析擴散過程、自家公司和競爭對手帳號的發文傾向、互動的趨勢等。初期費用 0 圓，無關資料量，採定額付費制。

https://www.datasection.co.jp/service/insight-intelligence

活動管理

✐ ATELU

可將 Twitter、Instagram 上宣傳活動需要的作業變得更有效率的雲端工具。可匯集參加者資料，選擇和通知中獎者，製作活動的簡單報告等，支援帳號上的宣傳活動。

https://products.comnico.jp/atelu/jp

發表管理

✐ Google 試算表

為了在社群上持續定期發表文章，可以運用這項工具管理發表時程。由於版面與 Excel 類似，導入的難度低。可每個月將日期、發表內容、目的和目標等數據彙整在一張清單上。

https://www.google.com/sheets/about/

發表管理

✐ Trello

可以用視覺化的方式管理貼文，與團隊共享資訊。在看板（Board），可追加能夠張貼、書籤般卡片（Card）的 Task，而將 Task 移至列表（List）整理，可彙整 Task 的狀態管理。

https://trello.com

🔍 刊登用語索引

◎主要参考文献

『1億人のSNSマーケティング　バズを生み出す最強メソッド』
敷田憲司、室谷良平（著）／エムディエヌコーポレーション

『コストゼロでも効果が出る！　LINE公式アカウント集客・販促ガイド』
松浦法子（監修）／翔泳社

『大学4年間のマーケティング見るだけノート』
平野淳士カール（監修）／宝島社

『デジタル時代の基礎知識　「SNSマーケティング」第2版』
林雅之、本門功一郎（著）／翔泳社

『デジタルマーケティング見るだけノート』
山浦直宏（監修）／宝島社

『Facebookを「最強の営業ツール」に変える本』
坂本翔（著）／技術評論社

『Instagramでビジネスを変える最強の思考法』
坂本翔（著）／技術評論社

『SNSマーケティングのやさしい教科書。』
株式会社グローバルリンクジャパン、清水将之（著）／エムディエヌコーポレーション

『TikTok・MixChannel・Facebook Watch集客・販促ガイド』
武井一巳（著）／翔泳社

圖解社群行銷一看就上手

監　　修：坂本翔
譯　　者：黃品玟
企劃編輯：莊吳行世
文字編輯：江雅鈴
設計裝幀：張寶莉
發 行 人：廖文良

發 行 所：碁峰資訊股份有限公司
地　　址：台北市南港區三重路 66 號 7 樓之 6
電　　話：(02)2788-2408
傳　　真：(02)8192-4433
網　　站：www.gotop.com.tw
書　　號：ACV042800
版　　次：2022 年 05 月初版
　　　　　2023 年 11 月初版五刷
建議售價：NT$480

國家圖書館出版品預行編目資料

圖解社群行銷一看就上手 / 坂本翔監修；黃品玟譯. -- 初版. --
　臺北市：碁峰資訊, 2022.05
　　面；　公分
　　ISBN 978-986-502-884-8(平裝)
　1.網路行銷　2.網路社群
496　　　　　　　　　　　　　　　　110010637